皮革染色學

◆ 林河洲　著 ◆

推薦序

　　製革業界備受尊敬的林河洲老師在業界服務已四十年，以其專業技術服務，足跡遍及歐亞大陸數十國家。不只協助許多廠商，解決技術瓶頸，製做高品質的產品，更樂於以其經驗與同業分享，作育無數英才。在退休之後，更是一本回饋社會的無私心態，將其一生的寶貴經驗，整理成冊陸續出版了《皮革鞣製工藝學》及《皮革塗飾工藝學》二書。

　　此二書的出版，在海峽兩岸的製革業界，是一個極大的祝福。從這兩本書中，可以了解皮革工藝的複雜性，因為所牽涉的學科領域之多，遠非一般的紡織或傳統工藝可比。自古以來，精通理論基礎，又有實務經驗的人，已經是鳳毛麟爪。而願意無所保留的把一生的經驗分享出來的，在華人之中應該是前無古人，後無來者了。

　　林老師與永光的創辦人陳定吉先生相識相知四十餘年，永光發展皮革染料的過程，也得到林老師的協助。如今一年銷售約二千噸皮革染料到全世界，甚至賣到義大利、德國等皮革工藝領先國家，品質達到世界級的水準。

　　當今製革業面臨的最大挑戰，當屬環保問題。高品質的染料不僅可以提高皮革的價值，更能節省塗飾工藝上顏料膏及樹脂使用量的成本；而高吸盡率的染料，更能降低廢水的處理成本。開發兼具染色特性與環保需求的染料，是永光責無旁貸的責任。

　　欣聞林老師即將出版第三本專書《皮革染色學》，特別興奮。一則因永光為染料專業研發生產公司，對於染色的專業書籍有特別的情感；更因為皮革經過染色處理後，將賦予皮革豐富及

流行的生命力。林老師告訴我們，染色之於皮革，就如化妝之於女性。好的染料搭配高超的工藝，能夠使美女更美，也能使醜女變美。

　　今逢林老師將心血出版付梓，在此願共襄盛舉，投文推薦。更期盼不久的將來，第四本、第五本專書也能陸續順利出版。

台灣永光化學工業（股）公司

董事長　陳建信

2010年8月

推薦序

　　人生如果要快樂，世界必須是彩色。自從2008年林老師出版了《皮革鞣製工藝學》，造福了製革界新進的成員，如今又為我們製革界的世界創造了彩色世界。因為長久以來染色是一門難以摸索的門道，如今有林老師拿出他40多年的壓箱寶，更精闢的為我們的皮革濃妝淡抹，使我們不必要在黑暗中探索，真是值得一讀的佳作。

　　本人除了受林老師眷愛，先惠予拜讀，藉此機會替台灣製革界的同業，謝謝林老師無私的奉獻。

德昌皮革製品股份有限公司

董事長　白志祥

If you want to have a happy life, your world must be colorful. New employees of leather industry have greatly benefited from the book named Leather Technology written by Mr. Lin since it was published in 2008. Now Mr. Lin created a colorful world in the world of leather industry once again. As we know well Dyeing has been a difficult job for a long time, but now Mr. Lin offer us his experience of more than 40 years as a tribute, and make up our leather in an incisive way, which helps us to avoid searching in the darkness. It's really a masterpiece which is worth reading.

I'm honored to read Mr. Lin's book in advance, and I would take this opportunity to thank Mr. Lin on behalf of Taiwan Leather Industry for his selfless devotion.

TEHCHANG LEATHER PRODUCTS CO., LTD

Chairman　**Richard Pai**

推薦序

　　部分的染料製造商或銷售商，常未提供完整的染料物性分析資料給皮革廠，所以皮革廠常處於資訊不夠充分的情況，此時若只就色光來選擇染料，就有可能有所失誤了；常言道：工欲善其事，必先利其器；所以對染色技術人員來說，必須先充分了解所欲挑選的染料的物性，是非常重要的關鍵課題;本書對此有極為詳細的說明，對於染色技術人員，是否能順利達成客戶所需要的品質，提供了極其重要的理論基礎；另外，本書對於實際染色的工作經驗，亦多所提及，尤其是「TROUBLE SHOOTING」，對問題的解決方向，更是有直接的幫助。

　　台灣的牛面皮製革廠，每年製造許多防水皮／油蠟皮／或具防水功能的油蠟皮的鞋革，許多產品都是苯染的皮，對於染色工藝的品質要求，更是嚴謹，希望老師能另立專章，甚至出專書，來幫助現有牛面皮製革廠，能在品質上更精進，更突破。

中楠企業股份有限公司

中惠皮業股份有限公司

總經理 胡崇賢

序　文

　　工業上，諸如紡織、造紙、塑膠類、鋁業、皮革等的染色工程師不僅要對色有敏感性，而且也必需知道如何調色、套色、糾正色調的色光等等，但是皮革的染色工程師更需要知道鞣制的工藝及鞣制過程中所使用各種化料對染料及染色的影響。因為同種類的動物間，雖說是同種類而且纖維也同屬蛋白纖維，但可能因成長的過程和環境等種種因素，形成纖維結構不盡相同，另外因鞣製工藝及使用的化料等也不一定相同，因而常會導致，雖然使用相同的染料，但可能染成不近相似的色相。基於這種因素，個人樂於將在紡織界及皮革界時的染色經驗和各位前輩及年輕的工程師們共同研討，如何正確地執行皮革的染色工藝及如何排除染色時可能產生的種種困擾。

　　同時希望這本《皮革染色學》配合本人之前所編寫《皮革鞣製工藝學》的第19章及第20章，能使各位染色工程師對染色各方面的理念及執行操作上有所幫助，並謝謝你能來電糾正內文的錯誤及討論工藝上的疑點。

　　本人的郵電信箱：billylin0316@yahoo.com.tw

Contents

▶ x

第 1 章

皮革的染色工藝
The dyeing technology of Leather

　　皮革經著色後不僅會改善革的外觀使能適合流行的作風，更能提高革制品的價值感。革的色彩是採用天然或合成染料，或顏料，或兩者都有，而使用於鞣製染色或塗飾的過程，例如大多數的鞋面革於鞣製過程時先染底色，而於塗飾的工藝中再以染料，或顏料，或兩者都有，藉以糾正至正確的色調。反絨革則先染底色，再表染，直至達到正確的色調及色光。

常用的皮革染料
(The dyestuff for the leather dyeing)

　　作者本人所編著的《皮革鞣製工藝學》及《皮革塗飾工藝學》已詳論使用於皮革的各種染料及顏料，故不再闡述，但本書要討論的是「皮革染色學」，所以在此只重複略述常被使用於皮革染色的染料。

酸性染料（Acid Dyes）

正確的酸性染料來自它整個結構分子裡酸性群對皮的親合性，而作用類似普通的強酸，可分滲透性及表染性兩類。所染的色調較直接性染料或金屬絡合性染料清晰和透明，適合染各種革類，包括栲膠革。許多結構不太複雜的酸性染料甚至對鉻鞣皮有柔軟的效果。

酸性染料和重金屬離子，如鉻（Cr）、鐵（Fe）會形成色澱，但對鹼土金屬，如鈣（Ca）、鎂（Mg），不太敏感，所以如果水的硬度太高則會影響染色，必須於染色前先添加螯合劑（chelating agent），亦稱金屬封鎖劑，或水的軟化劑，如EDTA（乙二胺四醋酸，Ethylenediaminetetraacetic Acid）轉動約20～30分後，再進行染色。

染色的溫度低時，藍色、墨綠色、深棕色等的耗盡率（Exhaustion）低，提高染色的溫度（約70℃↑），則會提高這些染料的耗盡率。

金屬絡合性染料（Metal Complex Dyes）

染料分子內含有陽離子性的金屬，一般為鉻（Cr）、銅（Cu）、鐵（Fe）、鈷（Co）等，亦可稱為「兩性染料」（Amphoteric Dyes），可分為兩類：

一、1：1金屬絡合性染料（1份金屬原子：1份染料分子）

屬強酸性，亦稱勻染性染料（Levelling Dyes），染色的PH值為4.0±0.5。色淡，適用於染淺色。使用於「噴染」及「塗飾」等工藝，則色澤飽滿而鮮豔，各種堅牢度皆佳。

二、1：2金屬絡合性染料（1份金屬原子：2份染料分子）

可在中性，或酸性的條件下染色，即PH值為5.0±0.5，故亦稱中性染料。染色後革的色澤飽滿，遮蓋良好，各種堅牢度皆佳。

 直接性染料（Direct Dyes）

一般比酸性染料染得比較表面，而且色調較深，但是較鈍，對酸非常敏感，勻染性亦差，故執行染色工藝時要特別注意。PH值越高，耗盡率越大於酸性染料，而且越不會吐色。

大多數的直接性染料因具有收斂性，常對革面形成有粗糙的手感，而且對栲膠革的親合性也很低，故不適宜單獨使用於染栲膠類的革。

直接性染料價廉，色濃，遮蓋性佳，色鈍不豔，但是持溫染色（約50℃），則會有改善。

反應性染料（Reactive Dyes），亦稱「活性染料」

　　一般染料和纖維的結合是利用離子性結合，亦即陰陽離子結合，所以染色後如果固定不好的話，易產生離子化，因而形成遇水則堅牢度差，如抗水滴性差，不耐水洗，不耐濕磨擦等，但反應性染料（活性染料）和纖維的結合屬共價結合（Covalent Linked），所以對水及日光方面的堅牢度很高。

　　反應性染料（活性染料）依染色時所需要的溫度分三種規格（一）高溫80℃，（二）中溫60℃及（三）低溫40℃。使用於皮革染色的反應性染料（活性染料）分二種規格

　　一、毛裘染色適用中溫60℃

　　二、一般革類則使用低溫40℃

　　反應性染料（活性染料）染色的PH值約6左右，屬中性染浴，必需使用鹽調整PH值，不可使用鹼類，如小蘇打。染色後需先用鹼漂洗，如小蘇打，移除沒和纖維形成共價結合的游離性染料分子，再用純鹼（Soda Ash）漂洗，緊接著使用流水洗即可。

　　反應性染料（活性染料）使用於毛裘，色澤鮮明，但使用於其它革類，色澤不見得鮮明，可能會鈍，需事先測試。這種方法不適合使用於栲膠革，因栲膠革不耐鹼，但卻適用於耐水洗的醛鞣皮。

　　反應性染料（活性染料）使用於一般革類（粒面革或二層榔皮或剖層革）的染色法：

　　由於使用反應性染料（活性染料）染色需於染色後進行漂洗及流水洗，藉以移除未和皮纖維共價結合的游離性染料分子，所以中和，水洗後即需進行染色，染色前必須使用鹽調整染浴（溫度35～40℃）的PH至6.2±0.2，直接添加已稀釋或粉狀的染料，不需要添加其它的染色助劑，因反應性染料（活性染料）會自行滲透尋找可共價結合的纖維活性基，約40～60分鐘後，添加小蘇打（量約1%）轉10～20分，排乾水，加300％水30℃及0.3～0.5％純鹼悶洗10分，流水洗至水清，排乾水，進水，調整PH，開始進行再鞣及加脂的工藝。

> ▶▶ 【注意】
>
> 　　反應性染料（活性染料）於染色後，需經小蘇打及純鹼漂洗（形同固色），才能知道所染的色調是否正確？套色後還是要漂洗才能驗色，很麻煩，如果必須使用這種染料染色，建議向客戶提出異議，無法達到所要求的色調及色光和所提供的色版一致。

預還原的硫化染料 （Pre-reduced Sulfur Dyes）

　　染色的條件完全和酸性染料一樣，滲透性佳，抗水性，耐水洗性及耐磨擦性佳，但色譜不全，色澤不鮮豔，濃度低，革面達不到染深色的要求，故需要使用酸性染料或鹼性染料於表面套染，藉以達到欲所期望色調的鮮亮及深度。

鹼性染料（Basic Dyes）及陽離子性染料（Cationic Dyes）

鹼性染料亦稱鹽基性染料，對硬水或水液呈鹼性時，可能導致鹼性染料的沉澱，所以溶解時，必先以約30％染料量的醋酸助溶，使鹼性染料溶解成糊狀後，（一）一邊添加熱水（60℃↓，因有些鹼性染料會於60℃，或60℃↑被分解而變質），一邊攪拌，直至完全溶解，或（二）鹼性染料溶解成糊狀後，添加水，一邊加熱，一邊攪拌，直至完全溶解。

陽離子性染料可直接添加蟻酸（甲酸）助溶，再添加水（常溫或60℃↓）攪拌，直至完全溶解。

鹼性染料或陽離子性染料最適宜使用於「三明治染法（Sandwich Dyeing）」，藉以增加色調的深度，或革面的表染，藉以加強色調的遮蓋力及豔麗，但滲透性及各種堅牢度都很差，尤其是磨擦牢度及日光堅牢度。

第 2 章
染色前對染料的選擇
The Dyes Selection Before Dyeing

　　染色工程首先考慮的元素，當然是染料。大多數的染料皆以混合體（Blending Dyes）為主，單體性（Homogeneous）的染料很少，測試時可將少許的任一染料輕吹至「1號濾紙」即可明顯的清楚染料是由幾種染料混合而成，因為每一種染料有各自的耗盡率（Exhaustion），親合性（Affinity），滲透性（Penetration）及對酸，鹼和鹽的敏感性（Sensitivity）和溶解度（Solubility）等等，更可能因每一混合染料的化學結構不相似，以至於無法達到完全性的混合，這就是所謂染料與染料彼此間的相容性（Compatibility），由此可知所選用的染料如果是多種染料混合，則染色後的色調較不穩定，亦即今日染出的色調，如果明天採取同方式再染，色調可能不盡相同，是故選擇二種以上的染料混合染色時不僅要考慮所需要的色相，尚需考慮染料彼此間的相容性，溶解性，親合性等等。

　　選擇染料的親合性必須注意染料彼此之間親合數的差距，如屬全鉻鞣皮，以15以內的差距最好，而半鉻鞣皮，即藍皮以陰離子性的合成單寧或栲膠再鞣，則以7以內的差距最好，當然差距越小越好，染色後的色調、色相也越飽滿及越真色相，例如紅＋黃＝橘，但是如果紅色的親合數高於黃色的親合數15或7，則可能呈

橘紅色，反之則呈黃橘色。另外套色或糾正色光時，必須同時也添加欲添加染料量約10％的主色料（底染時使用％最高的染料）及勻染劑。

萬一供應的染料廠商無法供應每一各別染料如此詳細的資料參考以便選擇，即只能由供應的色版選擇接近需要色調的染料，那該如何操作相混合的染料，才能得到混合後色調的穩定？依個人的經驗，可以使用染料的溶解觀念克服。

染料能被1公升的水溫20℃及60℃所溶解的最大公克數稱染料的「溶解度」（Solubility），以公克／公升20℃或60℃表示。染料因為大都屬混合體較多，所以當選擇染料時，各別染料的「溶解度」就必需考慮，否則無法達到所選用染料本身的飽滿色（Intensity Hue）。由二個或三個或三個以上的染料或單體染料混合而成的染料，都會因混合元素（染料）各自擁有不同的溶解度，形成相容性不佳或互不相容，造成最後混合而成的染料「溶解度」低，不易溶解於水，甚至形成似泥球狀而不溶解於水。解決「溶解度」的問題，當然可添加「芒硝（Glauber Salt）」，然而添加芒硝會降低染料的濃度，亦即色度（Shade）會變淺（淡），所以最好使用可當「勻染劑」的「表面活性劑」或「乳化劑」代替「芒硝」，不過因為有些混合性的染料，即使是單體的染料，也會添加些和陰離子相容的弱陽離子性助劑，藉以增加染色的吸附性、強度、鮮豔度等等（不過可能會影響染色工藝的滲透性），如果使用陰離子性的乳化劑，則可能減弱這些目的，是故需使用非離子性的乳化劑或表面活性劑。

使用具有「勻染」效果的「表面活性劑」或「乳化劑」的理由是由「表面活性劑」或乳化劑濕潤每個染料分子的顆

粒，使每個已被濕潤的顆粒分子，增加彼此間的接受性，最後融合，形成一個各不遺失原有特性的共同體亦即俗稱的相容性（Compaibility），顆粒分子間的相容性和顆粒分子的溶解性度幾乎可以說是成正比，另外有勻染效果的「表面活性劑」亦能有增加染料溶解後的分散效果。

　　如何使用具有「勻染」效果的「表面活性劑」或「乳化劑」？

　步驟一：先將染料，無論是單體的，混合性的或二個以上的染料以1：1的水量攪拌成糊狀的糊漿A。

　步驟二：添加10％染料量具有「勻染」效果的「表面活性劑」或「乳化劑」於糊漿A內，攪拌均勻，再度形成糊漿B。如果為了染料滲透，可將糊漿B當作染料粉直接由鼓門加入轉鼓內。

　步驟三：用熱水稀釋糊漿（b）攪拌後，再由轉軸口添加入染色轉鼓。

　　步驟一、二及步驟三，不只能解決不同染料的不同「溶解度」，亦能同時解決染料和染料之間的「相容性」及「親合性（Affinity）」相差太大的染料，混合攪拌一起染色時，產生吸附性不同的問題。

　　如果經上述三步驟後，染料仍然維持泥團狀不能完全被溶解分散的話，則可能所選的染料中有1隻，或2隻，或2隻以上的染料屬於直接性染料，那麼一開始使用的水溫則需採用40℃以上的熱水攪拌及稀釋，因為直接染料的顆粒分子較大，需用熱水溶解。萬一問題仍然存在，則步驟二需選用含有水溶性溶劑型的表面活性劑，並以高速攪拌機攪拌，即能使有溶解問題的單體染料或混合染料得到完全的溶解。

　　適合使用於小牛皮及全粒面革苯胺塗飾的染料必須接受很多的限制，不僅勻染性要好，而且各方面的堅牢度特性更要良好，另外不能有「吐色（Bleeding）」的現象及需要收斂性（Astringency）低，藉以減少革面不適當的收縮。

　　請注意！染色後不要添加太多的硫酸化油，尤其是硫酸化魚油，因很多酸性染料會因添加硫酸化油脂劑而吐色（Bleeding），形同剝色（Stripping），但是直接性染料發生這種的情況較少。

　　染料的儲存：染料容器一經打開取用染料後，必須緊蓋容器，因為大部分的染料都含有芒硝，因而有吸濕性，當染料吸收水分後濃度就會產生變化，有的染料甚至於水分蒸發後會結成硬塊，形成不易溶解。

第 3 章

不同鞣製的革類染色
The Dyeing for Different Tanned Leathers

　　皮的鞣製大多採用植物栲膠鞣製、鉻鞣劑鞣製，或結合兩者的鞣製及無鉻鞣製（改性戊二醛＋聚丙烯酸樹脂單寧＋合成單寧的鞣製法）。

　　植物栲膠鞣制的栲膠革，由於栲膠本身具有由棕褐色至棕色的天然色彩，而這些色彩也就是皮革的傳統色彩，如果結合黑色，那麼這些色調就是皮革一直流行的主要色形。

　　鉻鞣劑鞣制的鉻鞣皮，具有的色彩由藍灰色至綠灰色，一般稱為藍濕皮或藍皮，但可被漂白成白皮，亦能使用染料染成各種色彩。

　　栲膠鞣製＋鉻鞣劑再鞣：染色性佳。

　　鉻鞣劑鞣製＋栲膠再鞣：染色性影響較大，色澤較鈍。

　　無鉻鞣製的白皮（略帶黃）是由改性戊二醛，聚丙烯酸樹脂單寧及合成單寧（或栲膠單寧）等混合鞣製，亦能使用改性戊二醛和鋁鞣劑混合鞣製（稱白濕皮），鞣製過程中如果使用甲醛縮合物（Formaldehyde Condensate）的化料太多，則可能會影響滲透性及勻染性。

藍濕皮的染色
（The Dyeing on Wet Blue）

　　一般的藍濕皮常於染色前添加些合成單寧，或拷膠。或於染色時和染料同時添加，藉以促進酸性染料的透染，爾後添加水分及勻染劑，再以酸性染料，或直接性染料，或兩者混用進行表面染色。

　　所添加的合成單寧，或拷膠除了能幫助滲透外，有時尚有勻染的效果，如果染浴的水分多的話，另外對粒面層還有填充的作用。這些助劑如添加於染色前，則依染浴的水分多寡而有滲透和勻染的作用，但是染色後色調淺（敗色），如果添加於染色後，則革面的色值較高，即色調較添加於染色前深，而且稍為有固色的能力，不過需要特別注意勻染性。因為這些助劑可視為染色的緩染劑（Retarding Agent），而且對直接染料的緩染作用（Retarding Dyeing Effect）遠超過於對酸性染料的作用，但是如果使用拷膠可能對緩染的效果較佳，不過會影響色度及色光。

　　磨砂革（如牛巴哥）或修面革必須經過鞣製，再鞣，染色，加脂後成為有色胚革後，再進行磨革（Buffing）的工藝，因而再鞣劑的使用量可能較一般面革的使用量多，尤其在粒面層處，這是為了有利於爾後的磨革。染色不僅要求粒面層的透染，而且更需要透過粒面層，亦即所謂的「全透染」，所以一般都於成為有色胚革前的染色，將再鞣劑和染料同時加入，這時染料的選擇很重要，尤其是兩種染料以上混合的色調，如何選擇染料？請參閱《染色前對染料的選擇》（The Dyes Selection Before Dyeing）。

　　一般的鞋面革，除了修面革（Corrected Grain）外，例如有些修閒鞋〔Casual Shoes也需要輕修面（Slightly Corrected grain）〕，染色時講求的是非常均勻的色彩，而且要符合最後所要求的色調，並不是只染底色，爾後再由塗飾工藝的顏料調出最後的色調，類似修面革。再鞣時可使用較多的合成單寧劑和栲膠，藉以促進染色的滲透性及改善表面染色的勻染性，金屬絡合染料最適合染這些要求日光牢度的淺色鞋面革類。

反絨革的染色
（The dyeing on suede leather）

　　皮經鞣製──中和──再鞣──加脂的過程後，於乾燥期間會改變鉻絡合物（Chrome Complex）及使皮纖維直接接近染料的能力減弱，尤其是經由配位和鉻絡合物結合的纖維，是故直接性染料對反絨胚革回濕染色的滲透性比藍濕皮的染色滲透容易。

　　反絨胚革於染色前需要經過「回濕（Wetting Back）」的工藝。「回濕」的溫度約60±5℃，水浴約600～1000%的胚革重，添加的化料有氨水，或其它鹼性化料，回濕劑（Wetting Agent），或乳化劑，或脫脂劑，化料的添加除了幫助胚革回潮外，尚可移除多餘，或未被固定的油脂。「回濕」，流水洗後，即可進行染色的工藝。回濕染色的皮，基本上滲透較易，所以即使使用層次型的染色法（Steps Dyeing，類似三明治染法），想要使最後的色度加深，的確是很難，不容易。為了達到最後的色

調能加深為目的的話，最好是於藍濕皮的再鞣工藝執行透染，而回濕及回濕後，再執行表染，不過染色前所使用的化料必需採用酸，或其它陽離子性的助劑。

淡色彩的染色（Pastel Dyeing）

除了特殊的染料外，如灰色（Grey）、米色（Beige），一般的染料均不適合使用，因需要量小，從1／25～1.0％，染色後的色調可能讓人感覺「空洞」或類似「貧血」狀。

如果沒有本來就是色度淺的染料，則需慎選染淺色時，日光堅牢度佳的染料，配合可迅速減少色度（敗色），而且日光堅牢度亦佳的合成單寧劑，或鹼式萘磺酸類（Alkali Salt of Napthalene Sulfonic Acid Type）一起使用，亦能達到非常類似直接使用淡色調染料的效果。金屬絡合性染料最適宜染淡色彩，因為它的日光堅牢度佳。

栲膠革[註] 或重鞣革的染色（Vegtan or Heavy- retan Dyeing）

藍濕皮使用純栲膠含量達12％以上的再鞣稱重鞣（Heavy-retan）。這類的皮因天然的色彩太重，所以需事先使用約水重的0.5％草酸和適重量的螯合劑（Chelating Agent），例如E.D.T.A.洗淨，藉以去除鐵銹污染的藍黑色澤痕，再以鹼性化料約1％進行漂

洗（Stripping），PH不可超過6，酸化〔使用0.5～1.0％蟻（甲）酸〕，調整至PH值3.5↓，再鞣（最好使用陽離子型的樹脂單寧），染色（陰離子性的染料），加脂，則色調深而艷。如果使用合成單寧再鞣則是為了使成革的色調淺而均勻。

　　如果重鞣革的本色不深，則於重鞣後直接使用陽離子型的樹脂單寧再鞣，再使用陰離子性的染料染色，加脂，即可。

【註】

　　請參閱《皮革鞣製工藝學》第338~341頁。

第4章

鞣劑，單寧及栲膠對陰離子性染色的影響
The Influence of Retannage & Veg-tan to Anionic Dyeing

《皮革鞣製工藝學》[註]已述及這方面對染色各方面的影響，但是需注意的是使用不同鉻粉鞣製的藍皮，或不同鼓的藍皮，或藍皮搭馬（按馬）的時間不同，混合、再鞣、染色，如此的話，使用同一種染料也會產生不同的色調及色差，故染色前須先測試，尤其是再鞣所使用的單寧，或栲膠，或兩者混合對染色的色光也一定會產生偏差，但是如何預知及偏差的程度？依個人染色的經驗，大約可由下例方式預知：

一、將所要使用的染料溶解，滴在「1號濾紙」上，擴散後最外圈的色相即為使用染料的色光A。

二、將再鞣所使用的單寧，或栲膠，或兩者（如果二個都有使用），依比例和使用染料的比例，混合溶解，滴在「1號濾紙」上，經擴散後最外圈的色相，即約為染色後的色光B。

三、較A及B的色光差，即可知能使用單寧，或栲膠，或兩者都有，使用於再鞣後，可能造成色光的偏差。

 【註】

請參閱《皮革鞣製工藝學》第19章染色的概念313~329頁。

我們也可使用此法，大略測試使用各種單寧劑，或栲膠對染色可能造成色光的偏差。

皮革市場一般對流行色彩的要求都是要有鮮豔而飽滿的色彩，這方面如果採取全鉻鞣的皮當然沒問題，但是鞣製過程中常因為了達到某種目的，或避免某種瑕疵的產生，或客戶的要求，以致於需要採用陰離子性的再鞣劑再鞣，或添加些樹脂單寧，或其它助劑，例如蛋白填料等，基本上這些都是陰離子性的產品，常會導致革面對陰離子性染料的親和力降低，形成增加陰離子染料的滲透性，例如使用合成單寧，或樹脂單寧，或二者混合使用，最後的結果是革面色鈍，清晰，敗色，但色調及色光影響不大，不過如果使用栲膠，則因栲膠本身天然的顏色（如類似煙葉色的哈瓦那色，或淺至深的棕色，甚至有棕褐色）使染色後的結果是色鈍、深，而且因栲膠本身天然的顏色對色調及色光的影響很大，故無法得到飽和的色彩（Intensive Hue）。

當然解決這方面的問題最好儘量使用不影響染色的再鞣劑或助劑，但是執行染色的工程師在不得已的狀況下，也必需自己想辦法解決，其實在這種半鉻皮的條件下要想染出鮮豔而飽滿的色彩，有下列各種可能處理的染色法：

一、選擇對半鉻鞣皮親合性高的活性金屬絡合性染料（Reactive Metal Complex dyes）。

二、染色時先以酸性染料染底色，後加酸或阻染劑（Retarding Agent），再以鹼性染料進行表染。

三、使用「三明治染色法（Sandwich Dyeing）」，有二種方法：

1. 先以酸性染料染底色，再用陽離子性的助劑處理，例如：鉻粉＋少許的硫酸化魚油，或鋁鞣劑，或其它陽離子助劑，如單獨使用蟻酸（甲酸）處理，陽離子的能力可能不夠，最後再使用酸性染料表染。

2. 酸性染料（底染）＋酸（或阻染劑）＋鹼性染料＋酸性染料（表染）。

四、階層染色法（Dyeing in Steps），大約可分為三種方式：

1. 中和後染色，再鞣，加脂和表染同時進行。
2. 再鞣後染色，染浴酸化（加酸固定）後再表染，加脂。
3. 中和後染色，再鞣，加指，表染。

歐洲方面大多採用3，因加脂工藝完成後，油脂會均勻的分散於革面上，有助於染色的勻染性，不過最好不要使用硫酸化油。

> 【註】--------------------------------
> 請參閱《皮革鞣製工藝學》第19章染色的概念
> 313~329頁。

▶81頁，附圖1、圖2
　　顯示：再鞣製對染料的色調及色光的影響

第 5 章

再鞣劑對胚革接觸高溫時產生褪色或黃變的影響

The Influence of Retanning Materials on The Discoloration or Yellowing of Crust Leather When Exposed to Heat

雖然這一章所要討論的主題和染色的工藝並沒有很深的關聯，但是對於染淺色或染接近藍濕皮本色，或白色革卻是非常重要。

有些革製品，例如汽車座墊革，製鞋，及其它革製品輸出至氣溫較熱的國家前，會於生產過程中對革的要求是需要有抗熱的性能，這些的要求都是為了避免革製品接觸高溫時會產生黃變（白革）及褪色（淺色革），對於這種抗熱的要求，似乎越來越有增加的趨勢。

胚革的黃變及褪色有時也會於入庫貯藏時因老化而產生。褪色或黃變一般會形成黃色，大多發生於腹部或摺痕的周圍，甚至全部的革面。當然褪色的問題經常發生於操作的過程中，而革面有疤處染色乾燥後仍然很容易被看到。因熱而被分解的染料能很容易透過塗飾層昇華（遷移）而消失。

顯然地，產生黃變，或褪色，會大大地降低成革的價值，所以選擇染料，再鞣劑，助劑等各方面必須謹慎，而且過程中的操

作更要小心地配合所要求的條件。防腐劑，油脂劑，及再鞣劑都會影響黃變（白革）及褪色（淺色革），是故這一章所要討論的是再鞣劑及助劑。

為了測試再鞣劑影響黃變（亦可視為淺色革的褪色）的現象，測試革的再鞣工藝如下【註】：

藍濕皮削勻至1.2～1.4mm（公釐，或毫米），稱重

回濕	300%	水 40℃	15分	排水
中和	150%	水 40℃		
	1%	蟻（甲）酸鈣	60分	PH：4.3，排水，流水洗（40℃），排水
再鞣	200%	水40℃		
	5%再鞣劑		120分	流水洗（冷水），吊乾，回潮，剷軟

【註】
無加脂工藝，因為油脂劑也會影響。

測試採取70～120℃之間的溫度，時間使用2小時至7天，色澤的變化是使用CIELAB測定光度的鑑定法，耐黃變指數（Yellowing Index）越高，表示越會變黃。

日光堅牢度的測試是採用IUF402的方法。另外為了避免因為皮纖維的結構不同而可能影響測試比較的結果，故測試的皮樣都取自同一隻牛。

測試的再鞣劑有下列幾項：

圖3-1　置換單寧及白單寧鞣劑

圖3-2　栲膠單寧鞣劑

圖3-3　樹脂單寧鞣劑

圖3-4　輔助單寧鞣劑

圖3-5　聚合物單寧鞣劑

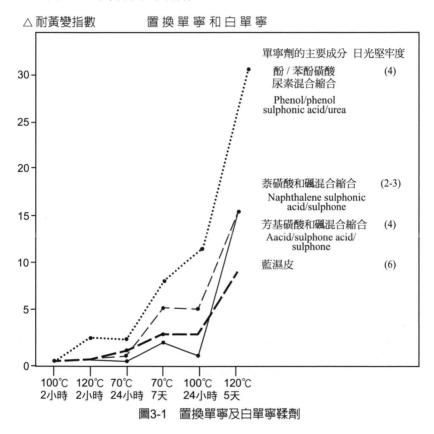

圖3-1　置換單寧及白單寧鞣劑

　　圖3-1的曲線顯示和碸結合所產生胚革的耐黃變指數較佳，而且芳基磺酸的日光堅牢度也不錯。不含碸的單寧劑，胚革的耐黃變指數較差，但日光堅牢度較佳。

　　這一類的產品無論在使用上或使用量方面，不僅被廣泛的應用，而且使用量也是最多量，包括白單寧。

　　單寧劑的商場上有很多合成單寧用來對抗栲膠單寧，除了單寧本身所含的色調外，最主要的就是抗熱性的對抗。

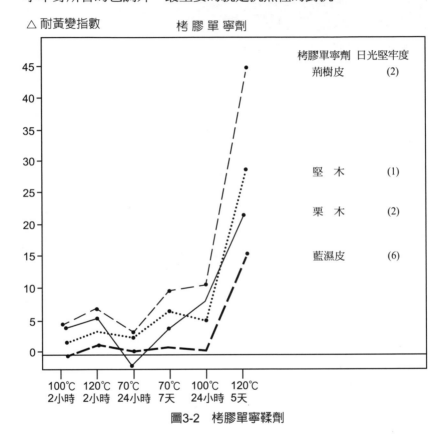

△ 耐黃變指數　　　　栲 膠 單 寧劑

栲膠單寧劑　日光堅牢度
荊樹皮　　　　（2）

堅　木　　　　（1）

栗　木　　　　（2）

藍濕皮　　　　（6）

| 100℃ | 120℃ | 70℃ | 70℃ | 100℃ | 120℃ |
| 2小時 | 2小時 | 24小時 | 7天 | 24小時 | 5天 |

圖3-2　栲膠單寧鞣劑

　　圖3-2所測試的栲膠單寧是使用：甜化的栗木栲膠，亞硫酸化的堅木栲膠及荊樹皮栲膠。此三種栲膠於溫度升至約100℃期間，褪色性特別低，然而5天後用120℃時，耐黃變指數則升得相當大，由圖3-2可知栗木栲膠比圖3-1芳基磺酸／碸和萘磺酸／碸差，堅木栲膠可和酚／苯酚磺酸／尿素對抗，但是荊樹皮栲膠的耐黃變（褪色）情況遠比合成單寧差。

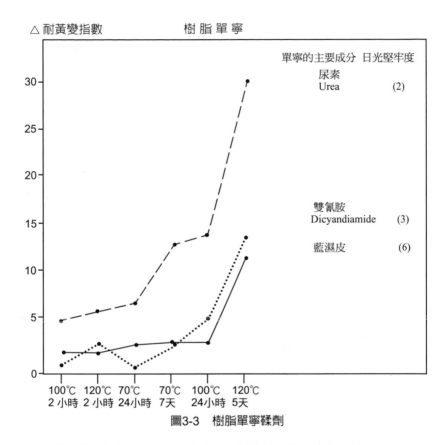

△ 耐黃變指數　　　　　樹 脂 單 寧

單寧的主要成分　日光堅牢度
尿素
Urea　　　　　　（2）

雙氰胺
Dicyandiamide　（3）

藍濕皮　　　　　（6）

100℃　120℃　70℃　70℃　100℃　120℃
2 小時　2 小時　24小時　7天　24小時　5天

圖3-3　樹脂單寧鞣劑

　　樹脂單寧主要是使用於填充皮纖維結構較鬆弛的範圍，所以這類的產品在再鞣的工藝中仍然能夠佔有一席之地。

　　這次所測試的二種產品分別是（1）以雙氰胺為主的縮合物，及（2）以尿素為主的縮合物。

　　圖3-3顯示產品雖屬同類，但是因為化學結構的不同，導致耐黃變的指數也不同例如以雙氰胺為主的縮合物和相應藍濕皮的耐黃變指數並沒有多大的改變，反而是以尿素為主的縮合物情況則相當差，即使在低溫時也一樣差。

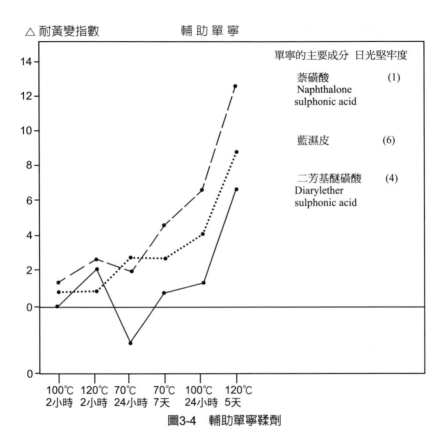

圖3-4　輔助單寧鞣劑

　　圖3-4這類的單寧劑本身沒有鞣製的能力,特別使用於染色時當作勻染劑或滲透劑,栲膠單寧的分散劑及鉻鞣皮的再鞣劑。

　　圖3-4所測試的化料都屬於縮合物,二者的日光堅牢度及抗熱耐黃變的曲綫方向很類似(趨於平行),但是由二條曲線的表達顯示二芳基醚磺酸縮合物的耐黃變及日光堅牢度極佳,而萘磺酸縮合物的耐黃變及日光堅牢度較差,不過耐黃變卻比圖3-3以尿素為主的樹脂單寧佳。

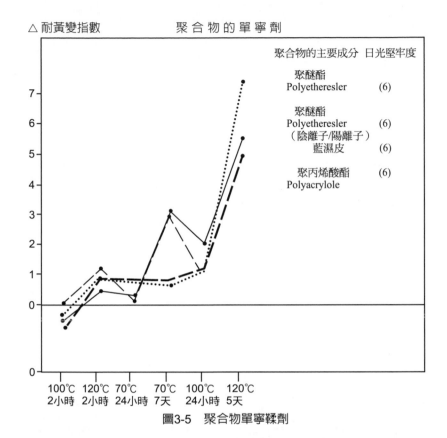

圖3-5　聚合物單寧鞣劑

　　由圖3-5可以知道，這類聚合物的單寧劑，無論是聚醚酯，或含陰離子及陽離子羣的聚醚酯，及改性的聚丙烯酸酯都有極佳的抗熱性，耐黃變及日光堅牢度，所不同之處，只是彼此間的化學結構和聚咪成分的不同。

　　經由測試的結果證實，基本上，當胚革接觸高溫時再鞣劑都會導致胚革褪色和變黃，變化的程度則是依據再鞣劑的化學結構，但是有些再鞣劑却能改善藍濕皮的耐黃變及褪色，例如圖3-4的二芳基醚磺酸產品及圖3-5聚丙烯酸酯。

☙ 第 6 章 ☙
三原色三角式結合的染色法
Trichromatic Combination

　　染色工程師，或對染色的配色有興趣者，有空時最好能利用實驗室內的不銹鋼或玻璃的染色小轉鼓自我訓練染色。任選三種染料為一組，但必需符合：一、染料彼此間的親合數對全鉻鞣皮而言，相差不可超過15，對半鉻鞣皮則不可超過7；二、三者之間必需具有很好的相容性。爾後再依圖4，或圖5／圖6或圖7的比例對同樣鞣製及再鞣工藝的皮進行相混染色。

　　進行這種方式的自我訓練，例如圖4三者之間的比例是以20為漸增（減）則可染出21種不同的色調（包括本色），而圖5／圖6是以25為漸增（減），卻只能染出15種色調，由此可知「漸增（減）」的數目越小，可染出的色調越多，如圖7以10為漸增（減），最後則為66種色調。

　　二種染料混合染色比較容易臆測出染色後的色調，但是三種染料混合後的染色則不易想像最為可能染成的色調，不過經過這種三角相混配色方式的自我訓練染色，卻能有臆測三種染料以何種比例混合染色後大約能染出什麼色調的反應。

　　染色配色時需慎選相容性佳，親合性相似的染料。配色時最好不要使用超過三種染料混合染色，因不穩定性太高。如果能利用三角染色法，由三種染料依不同比例相混染色，即可得到許多

不同的色調，非常有利於配色，一來由三種染料就有許多不同的
色調可供參考，二來只用三種染料，甚至二種染料即可能配出所
需要的色調，而且非常穩定。

▶83頁、84頁，附圖4、圖5、圖6、圖7
顯示：三種染料依三角形的方式進行相混配色的方法

第 **7** 章

改善染色匀染性的方法和手段
Ways and Means of Improving Levelness of Dyeing

當你進入販賣革制品的商店內，例如皮鞋，手袋，服裝或傢俱（沙發）店，對染色革而言，相信你要求的不僅是色彩的深淺度或明暗度，尚需要有匀染的色彩。

染色的技術，染料的選擇還有為了達到某個目的所添加的特殊助劑，這些都會影響染色的匀染性及染色堅牢度的特性，當然，鞣製，再鞣及加脂劑的改變也會影響。

導致染色不能匀染的原因，大約可歸納四項：

一、吸收率（The Absorption Rate）

二、被染物（皮）本身

三、使用的化料（染料，助劑）

四、技術上使用的影響

吸收率（The Absorption rate）

染色的匀染性對所有的革類而言，實質上是決定於皮纖維吸收染料的速率，吸收的速率太高或太低都會導致不能匀染。染料彼此間的吸收率相差太遠，如果相混結合染色的話也不可能有匀染性。影響吸收率的因素如下：

一、PH值：PH值越高，吸收率越低。PH值越低，吸收率越高。

二、溫度：革面的溫度越提高，染料的吸收率越快，所以溫度較低點比較能改善勻染性，什麼溫度最適宜？必須參考染料供應商所提供的染料和溫度之間的吸收曲綫圖。

三、染浴：染浴水分少，染料濃度高，吸收率高。反之，水分少，染料濃度低，吸收率低。

中和劑（Neutralizing Agents）

鉻鞣提高鹽基度時必須注意PH值不可提太快，太高，否則會導致產生不溶性的鉻絡合物沉澱，形成鉻斑點和色澤（藍濕皮）不均勻的危險，但是如果將蟻（甲）酸鹽或醋酸鹽當作提鹼劑使用，則這種危險性會有顯著地減少，因會形成可溶性的鉻絡合物。如果將碳酸鹽當作提鹼劑則和鉻形成絡合物的穩定性低，因此不能有效的減少鉻的正電荷。

假如將具有蒙囿和緩衝效果的化料，例如蟻（甲）酸鹽或醋酸鹽，使用于鉻鞣皮的中和工藝中，將會使鉻的正電荷減少，結果使陰離子性染料的吸收趨向較緩慢，也較均勻，但是超量使用，則將導致染料的吸收不均及影響爾後固色性差，最後的染色結果是"染色不勻"及日光堅牢度降低。當然我們可以選用適當的中和助劑，使染料的吸收緩慢，也能改善染料的勻染性。

添加的助劑
（The addition of Auxliliaries）

一般可區分為二種：

1. 助劑針對皮纖維的親和力：使皮纖維對染料的吸附改變而延緩染料的上染。
2. 助劑針對染料的親和力：使染料發生聚集而延緩染料和皮的作用。

　　這二種以親和力區分的助劑有陰離子性和陽離子性兩類，當然陽離子性的助劑會增深色度。尚有一種助劑稱為緩染劑（Retarder），顧名思義，它能使染料維持一段時間後，才被皮纖維吸收，亦即延緩吸收率。使用的方法是添加緩染劑10分鐘後，再添加染料。由於它能延緩吸收，也意謂著能幫助染料滲透，所以控制緩染劑的使用量即能達到勻染或滲透的效果。

胚革（Crust）

　　鉻鞣皮形成胚革後再染色也會影響染色的勻染性，因為乾燥過程中，水分從鉻絡合物中蒸發時，蟻（甲）酸鹽或醋酸鹽即能滲入絡合物，進而減少了鉻的正電荷，所以陰離子性的染料也減少了馬上被正電荷吸收的傾向，亦即吸收趨於緩慢，促進勻染性的增加。

為了能染出有高度勻染效果的染色革，染色工程人員不僅對所要使用的染料特性需要有正確的認知，如此才能有效的發揮染料的功能，而且也必須了解染色工藝要如何控制才能達到勻染的效果。

滲透（Penetration）

採用陰離子性染料染色時，如果染滲透是主要的目的之一，那麼首先必須選擇使用滲透較佳的滲透型染料，亦即染料的分子小，親合性低，易吐色（大多數的滲透型染料都有這種特性），但是如果選用預還原的硫化染料（Pre-reduced Sulfur Dyes）【註】則不僅滲透容易，而且不會吐色，可惜色譜不全，不可使用於表染，因色度淺。

除了滲透型染料外，如何加強其它陰離子性染料的滲透性？

1. 染色鼓最好是「窄而高」。
2. 提高PH值。
3. 採用短浴法（水分少）。
4. 低溫染色。
5. 增加染料量。
6. 染色前，使用較多些的陰離子性再鞣劑，或染料和陰離子性再鞣劑同時使用。
7. 延長染色的時間。
8. 水質太硬的話，則需使用「螯合劑」，即EDTA。

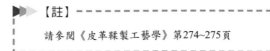

【註】
請參閱《皮革鞣製工藝學》第274~275頁

第 8 章
加脂劑對染色產生敗色的原因

　　加脂工藝時大多數都會考慮到油脂劑對皮的柔軟性，手感性，抗張強度和爾後塗飾方面對接著力的影響，然而却很少考慮到油脂劑對染色匀染性的影響。

　　大多數的油脂劑都含有數量相當多，而且能從已著色的皮纖維上剝離染料的乳化劑。實際上，以化學結構而言，染料含有磺酸群，油脂劑同樣含有磺酸群，同樣的磺酸群會對皮纖維同一反應基的結合，產生相互對抗，由於已著色的纖維尚未被固定，結果可能大部份的染料會被從纖維上剝離至染浴，一旦經酸化固定後，這些被剝離的游離染料便會和游離的油脂結合而沉澱於粒面上，造成染色不均匀，是故選用油脂劑時也必須考慮到這方面。

　　有些陽離子性的油脂劑也有敗色的現象，相同的，如果染色後使用陰離子再鞣也有敗色的現象。

第 9 章

染色助劑
Dyeing auxiliaries

　　為了提高染色的均勻程度和堅牢度，常常在染色時添加某些助劑，目前除了添加能影響有關染色pH值的酸，鹼、鹽類等助劑外，其餘就是使用有勻染或固色作用的助劑。

勻染劑（Levelling Agent）

　　理想的勻染劑需和染料或加入染料之前使用，而且要有足夠的量，如此才能將可使用的反應基達到飽和而獲得勻染的效果。通常勻染劑在染淺色的色調時，使用量較多，反之在染深色色調的過程中卻絲毫不需任何的使用量。勻染劑除了上章所述及的二種外，如以化性區分的話，亦可分成二種如下：

一、合成單寧劑

　　1. 萘合成單寧——比較表面

　　2. 酚合成單寧——比較滲透

二、界面活性劑

1. 非離子性界面活性劑
2. 陽離子性界面活性劑
3. 兩性界面活性劑

合成單寧劑的敗色性（色度變淺）比較強，而基本上除了陽離子性界面活性劑外，一般而言，界面活性劑的敗色性比較弱，但是有些不影響，例如兩性界面活性劑，有些反而加深色度，猶如陽離子性界面活性劑。

鉻鞣皮染色前若使用植物鞣劑或合成鞣劑預處理過，皮纖維的等電點偏向酸性方面抑制了游離態的氨基，也可緩慢陰離子染料與皮結合的速度而達到均勻染色的目的。

如將硫酸化蓖麻油，軟皮白油或陰離子型乳化劑和陰離子型染料同時加入轉鼓，也具有很好的均染作用。

在染色過程中一般的陰離子助劑，也就是鹼性染料的媒染劑，這是由於皮身吸收了陰離子助劑後，增加了游離態的羧基（COO^-），而有利於鹼性染料對皮纖維的固著。

固色（Fixation）

不符合實際要求的固色工藝，也會形成不均勻的色彩。固定不足的染料，大多數可能於乾燥過程中隨著水分的蒸發而昇華

（亦稱遷移Migration）消失，尤其是使用真空乾燥法，水分越多的部份，固定不足的染料昇華越多。染料昇華（遷移）的試驗，將染色革分二部份，一份用酸固定，另一份沒固定，爾後用中間有空洞的塑膠（PVC）圓盤蓋在染色的革面上後，將革乾燥後，可以明顯地看到沒固定的染料會因昇華而遷移至塑膠（PVC）圓盤蓋住皮的部份至讓水分可以蒸發出去的空洞邊緣。

　　如果色調是由二種以上的染料混合配色，經固色後，可能某一或二種染料因固色不足，而昇華，結果所遺留在染色革面上的染料，不僅不是所希望的色調，而且色彩也不均勻。因此如果能夠小心的控制固色的工藝，例如於PH3.5～3.8之間延長固定的時間至少45分鐘，即可改善固定的效果，當然添加陽離子性的染色助劑亦能有所改善。

 ## 固色劑（Fixing agent）

　　其作用與勻染劑相反，主要的目的是降低染料分子與皮纖維結合的水溶性助劑，並使已結合的染料能進一步的固定。

　　固定劑的使用，由於堅牢度的要求，使用陰離子性的染料染色後，除了用酸固定外，尚需使用固定劑加強，個人認為固定劑的使用有二種方式：

　　一、再鞣，染色，酸固定，排水，水洗，進水，調PH，加固定劑，排水，水洗，加脂，酸固定。

　　因有些染料，尤其是直接性染料，對酸[註]敏感，加脂後可能會吐色（bleeding）致使染浴有太多游離的染料分子，如果加

脂後直接加酸及固定劑固定，則可能因游離的染料分子也被固定
而沉澱於革面上，因而影響到乾、濕磨擦牢度，另外添加使用於
固定作用的酸及固定劑的量，因部份已使用於固定游離的染料分
子，致使要固定革面染料的能力減弱。

(1) 再鞣，染色，加脂，酸固定，排水，水洗，進水，
調PH，加固定劑，排水。

使用固定劑的理由和上述一樣，只是沒浪費使用，但乾、濕
磨擦牢度沒上述的佳。

> ▶▶ 【註】
> 測試染料對酸是否敏感，尤其是加脂劑內所含的酸：
> 測試的染料水取自染色鼓未加脂及加酸的染料殘液，
> 將欲添加的加脂劑乳化液，添加等比例【註】的量於
> 測試的染料殘液，攪拌5分，靜置，有染料沉澱，即
> 染料對加脂劑內所含的酸有敏感性，同理，亦可滴硫
> 酸（1：10），或亞硫酸鈉（1：10）測試。

> ▶▶ 【註】
> 等比例：例如染色用200%的水,欲使用6%的加脂劑（1：
> 10稀釋），則稀釋後的油脂乳液和總水浴的比例
> 約25%（實約24.81%），故如取樣100c.c.，則添
> 加25c.c.的油脂乳液測試。

陽離子樹脂的固定劑
（Cationic Resinous Fixing Agent）

陰離子性的染料，染色後使用的固定劑除了酸及鋁單寧外，尚有各式各樣的商業產品，不過個人總覺得尚有一種陽離子性的樹脂固定劑值得推篤，這類的產品大多屬於雙氰胺（Dicyandiamide），或三聚氰醯胺（密胺Melamine），或胍（Guanidine）的縮合物，對直接性染料，酸性染料及含金染料的固定性不錯，尤其提高日光堅牢度方面更佳。

使用的方法是染色後添加1~5%的樹脂固定劑（50±5℃的水沖稀）及些微的鉻粉，藉以同時能增加日光堅牢度及防止革面產生不當的粗糙，轉動約15～30分，排水，水洗，加脂，但加脂的份量需多些，因為樹脂或多或少會使革有乾燥感的效應。

陽離子助劑（Cationic dyeing auxiliary）

陽離子助劑通常用來加深較深色色調的染色，並且與陰離子染料反應，藉以改進染色後，染料的耐水性及耐汗堅牢度。陽離子助劑最好是使用於新的水浴，但在添加陽離子助劑前必須先用少許的蟻（甲）酸，調整適用於陽離子助劑的PH值。

進行深色色調染色時，陽離子助劑加入後需進行至少30分鐘。但是祈望改進耐濕堅牢度（耐水、耐汗）時則必須和染色滲透所需的時間一樣長，如此才有時間使陽離子助劑滲透並與所有的染料發生作用，不過必須注意的是經過這種方法處理後，經常

會形成一種"折衷"的結果,即是雖然染料經過慎選後才使用,它們的濕摩擦牢度會有所提高,但是乾摩擦牢度會降低,而且可能也會損及珠面於塗飾時和塗飾劑的黏著性。同樣的,事先慎選陽離子助劑也是必須的,因為它可能會有**脫鉻**的效應而使成革得到相反的結果。

蟻酸(甲酸Formic acid)

染色後,若將大量的蟻酸(甲酸)一次很快的加入染浴內,則會使未結合的染料形成聚結物,同時也可能導致油脂劑的沈澱。三明治染色時,第二次染料添加時,如染浴很**酸**的時候加入,則會形成染料被強烈地固定在表面,而且珠面可能會出現龜裂。大量添加蟻(甲)酸是不必要的,正確的使用是必須事先稀釋蟻(甲)酸,並且慢慢地加入,藉以防止染浴的PH值下降太快。在某些程度上,如果能選擇對酸較不敏感的染料則勻染性更好。

過量的銨水也是不適當的,因為可能對鉻鞣皮有脫鞣的傾向,而且皮感粗糙,並且可能會減少革的面積。

第 10 章
染色的時間
Timing for Dyeing

　　染色的時間基本上以染料被皮所吸盡（Exhaustion）為準。一般約需30～60分，若要求染得深透，或是在常溫下染色則須適當地延長時間，但有些染料的著色率（Build-up Rate）低，不可能靠時間的延長來解決，則應考慮使用固色劑。

　　染色剛開始時，染料對皮纖維的著染性（Build-up）很高，經過一段時間後，著色性減緩，直至不再隨時間的延長而增加，這時達到平衡狀態，稱染色平衡（The Equilibrium of Dyeing）。不同的溫度染色，所達到平衡的時間及著色量也不同。不同的染料對不同性質的皮纖維染色時，達到平衡的時間及著色量也各不同。

　　除上述的影響因素外，染色後的加脂及水洗等操作，也十分重要，如加脂不勻，皮身吸油的深淺不一，也會使染色後色的濃淡程度不均勻，形成色花，另外如果水洗不良，皮身上殘留色料較多，搭馬後也會產生色花，尤其是以常溫而液比小的染色皮，水洗不良更易引起色花。

第 **11** 章

影響皮革染色的要素
The Influential Factor on Dyeing

染浴所用水的比例
（The Liquor Ratio of Dyeing）

　　水是染料和欲染色皮胚的最佳媒介體，使用量的多寡，決定染色的目的，用量少，染浴的染料濃度高，以染滲透為目的。用量多，染浴的染料濃度低，則以表面染色為目標。水質的硬度不僅會影響染色的效果，例如同樣的工藝，為何昨天能染出所要求的色調，而今天卻不能？還會影響染色的勻染性（Levelling），色調（Color Shade），色光及色的飽滿度等等。

　　水的硬度越高，電解質越多，亦即水中含有的礦物質（陽離子），鈣、鎂、鐵等含量越多，礦物質會和染浴中陰離子性的染料結合而沉澱於革面（粒面或肉面）上，影響染料的滲透及革面對染料的吸附和勻染等等不利染色的工藝，所以常會造成染色的困擾。

　　改善水質的方法是使用水的「金屬封鎖劑」，亦稱螯合劑（Chelating Agent），或稱水的「軟化劑」，例如「EDTA」[註]。

「EDTA」有3個鈉離子及4個鈉離子二種產品，但是一般都使用含3個鈉離子的「EDTA」，當然也可以使用含4個鈉離子的「EDTA」，不過必須注意使用量。以3個鈉離子的「EDTA」使用為例：200～300％水60℃＋0.1～0.3％EDTA10～20分後，才開始進行染色的工藝，但是如為染滲透的工藝，則先執行染滲透的工藝，爾後再進添加EDTA及表染的工藝。

染液的液比大，有利於染料的溶解和分散，較易染均勻，但染料的濃度低，所染的色度偏淡，而且不易滲透。液比小時染料的濃度大，有利於滲透，可提高著色率。若添加適量的EDTA，可移除硬水染色的困擾，進一步提高染色的效果。

【註】

EDTA：二乙胺四醋酸（Ethylenediaminetetraacetic Acid）

溫度（Temperature）

溫度對毛裘革的染色很重要，染色時必須維持溫度50～60℃，可能更高些，否則可能只有染著毛尖及毛根，這是因為毛尖雖同屬角質纖維，但是接觸的範圍較大，故易著色，而毛根連接表皮層，於低溫時亦能著色，只是毛梗方面雖然也是同屬角質纖維，但必需在某種溫度下，方能使纖維張開，接受染料，達到染色的目的。

直接染料如在恒溫下（50～60℃）染色，可能有豔色的效果，否則色調鈍而無光澤。

大家應知道，溫度每升高1℃，各種化料及效應的反應速率大約可增20～30％，對皮革的染色而言，則是影射著染料的滲透性，擴散性【註1】及移色力【註2】亦會增加20～30％，當然**布朗運動**（Brownian Movement）的速度也加快了20～30％。

▶▶▶ 【註】------------------------------
註1：擴散性（Diffusion）和分散性（Dispersion）的意
　　義相類似，但我們可以將「擴散性」視作動詞，而
　　「分散性」視作名詞。
註2：色移（Migration）：請參閱《皮革鞣製工藝學》第
　　294~297頁。

一般染色的溫度來自二個因素，其一是所添加的水溫，使皮溫會由外向內而降低，除非有維持溫度的設備，其二是染色鼓的轉動，鼓內木樁挑皮，摔皮的動作導致皮因磨擦生熱，而使皮溫由外向內而升高。

染色時有了皮溫，染料分子才不致於產生沉澱，形成污染色，更因為有了溫度，便會有「布朗運動」，有了「布朗運動」，就會產生「色移」，有了「色移」的動作，就會有染色或滲透的效果，由此可知，如果想進行「冷染的工藝」時，亦即不使用「布朗運動」的染色理論，就必需選擇20℃時染料的「溶解度」要高，而且在溫度低的狀態下，染料的擴散性仍然很好，這樣才能達到「冷染」的效果。

表染時染浴溫度的高低，取決於染料和皮身所能承受的溫度而定，如鹼性染料在高溫下易被分解，而酸性染料，則較穩定。植物鞣革的耐溫程度又不如鉻鞣革。酸性或直接性染料染鉻鞣革時溫度可控制在50～65℃之間，栲膠皮40～45℃，半鉻鞣皮50±5℃，鹼性染料染植物鞣革時為40℃↓，否則易使粒（革）面

形成不適當，或過分的粗糙，所舉例的溫度是指最好不要在此溫度進行恒溫染色。

　　總之溫度和染色的關係可歸納如下：

一、提高鼓染液的溫度，有利於染料分子的擴散和滲透，另外皮身對染料的吸收是隨溫度的升高而加快。

二、溫度太高，染料迅速的被皮所吸收，進而影響染料在皮內的滲透，且易導致珠粒面的粗糙。降低染浴的溫度雖然降低了染料的擴散能力，但是纖維對染料的吸收速度也減小了，故有利於滲透，溫度越低，著色越慢，越均勻，滲透也越深。

 ## 鹽（Natural Salt）

　　染色時添加鹽並不影響染料的親和力，但是如果添加量遠超過一般染色所能承受的量，約5%↑的鹽，則會增加陰離子染料對鉻鞣皮的滲透力。

 ## PH值（酸鹼值）

　　眾所皆知，PH值越高，染色越易滲透，PH值越低，則越染表面，但是PH值應控制到何值才是最理想，而且不會影響到皮的品質或特性？這方面必須參考及根據「點電點（I.E.P.）」，請參閱《皮革鞣製工藝學》219頁。是故我們必需牢記每個鞣劑的「等電

點」。例如胚革的「等電點」是5.7，經蒙面的藍濕皮是6.0，植物單寧是4.0，合成單寧是3.3，如果藍濕皮經2%以上的植物單寧及合成單寧再鞣過，則中和後的PH值約為4.8±0.2〔大約的算法是（5.7+6.0+4.0+3.3）/4=4.75或4.8〕，那麼PH：4.8±0.2以上則為陰離子，比PH：4.8±0.2越高的PH值，則意謂著皮身的陰離子越多，染料易滲透，反之，比PH：4.8±0.2越低的PH值，則皮身的陽離子越多，染料越不易滲透，但易表染，不過必須慎防染花，不勻染，所以最好先添加勻染劑處理表面後再染色，此時切忌染料和勻染劑同時添加。

　　中和後的PH值和染色的透染或表染息息相關，但是可能因前工段的操作不良，或沒採用陽離子再鞣，致使中和後的PH值無法達到所需要染透的PH值，如果硬是添加過多的鹼，而達到容易滲透的PH值，則可能影響皮的纖維，結果纖維太鬆弛，造成鬆面，尤其是牛皮，要是如此，建議中和後採取最高的PH值，例如4.8±0.2，則採用5.0±0.的方式，爾後進行透染時，可於陰離子再鞣時，粉狀或稠漿狀的染料和再鞣劑同時加入轉鼓即可改善，但可能再鞣劑會多使用1～2%，藉以彌補提高中和PH值可能造成對皮纖維的損失，另外切忌進行透染時將樹脂單寧和染料同時或之前加入染色鼓，因溫度一提高，樹脂單寧即進行聚合，如此會影響已滲入皮內染料分子的色移（擴散及滲透）。

　　使用酸性染料，含金染料或直接性染料染色時如果染浴而不是皮身需要調整PH值的話，最好使用不影響皮身PH值的醋酸及銨水，活性染料則使用鹽。

　　染液的PH值不僅影響皮身帶電的情況，也影響染料分散的程度及和皮纖維結合的速度。有關染浴PH的結論可歸納成下列二點：

1. 染液的PH值偏低時，酸的濃度較大，皮身帶正電荷較多，陰離子染料與皮結合快，造成染料大量沈積於革面上，色度偏濃，如果使用直接性染料還可能會發生染料聚集的現象。為了有利於染料的滲透及使染色的速度減緩，一般於染色前都添加適量的氨水或小蘇打或碳酸銨等鹼性化料，藉以提高染浴的PH值使染色均勻。

2. 染浴的PH值偏高或太高時，染料滲透較深，染色後革面色度較淡，且染浴剩餘的染料也較多，但在實際的生產中為了提高染料的利用率使染色後度深，色澤濃豔，常於染色後加入適量的有機酸（醋酸或蟻酸），當然最常被採用的是蟻（甲）酸，但視情況亦可先採用微量的硫酸，再使用有機酸以降低染浴的PH值而達到固色的目的。

染色的轉鼓（Dyeing Drum），轉速（轉數/每1分鐘）及划槽（Dyeing Paddle）

　　鼓面的尺寸和直徑相同或差不多，使鼓形類似肥胖，不利於染滲透，但卻適於表染，亦即不要求透染的鼓染革（Drum Dyeing Leather）。如果鼓面的尺寸是直徑的2/3或1/2，鼓形呈瘦高狀，則有利於透染，但越呈瘦高狀者，則越不利於要求革面需

很勻染的鼓染革，另外鼓內的木樁（Pegs）如果短，則如同隔板（Shalves），不易透染。Y型鼓則二者皆適合，其理由和家用的洗衣機類似，有二層，內層放置染色皮，外層和內層之間的空隙置放水及染料和化料，內層轉動，外層不動，亦即所謂「皮動，水不動」，非常適合各種革類的染色。裘毛革的染色，需使用有溫度控制設備的划槽。

　　轉鼓的轉速，一般大約是14～18轉/分，大家都知道越快，滲透越佳，但是如果太快，溫度昇高也快，促使布朗運動提前進行，如此可能因滲入皮內的染料量不足，只能透染至某種程度，而無法達到全面性的透染，是故必需調整轉鼓的轉速，使於某種負荷重量下能慢慢地升溫為最佳的速度，但是萬一如果轉速太快，却無法調慢轉速的話，則需於進行透染前，首先降低內溫，即鼓內皮的溫度。

　　必須經常性的檢查鼓內的木樁，或隔板，如因損壞或鬆弛而被忽視，則會使鞣製，染色，加脂，乾燥後的成革成為次級品，而且也會造成損失。

　　機械作用的強弱取決於轉鼓的轉速及鼓內木樁的多寡和長短，如轉速快，木樁多，則作用力強，反之則作用力弱。

一、機械作用是給染料分子一種外力，藉以促使染料分子的運度速度加快（布朗運動），以利於染料分子的滲透和結合而達到染色均勻、一致的目的。

二、為加強機械作用，染色的轉鼓最好是窄而高（直徑：寬度＝1.6～2：1），轉速則以14～18RPM（轉／分）為宜。

染色鼓的清洗不當及負荷超載

　　之前染色調深的染色鼓，如果清洗不當，則當深淺色色調時，將常會被染花或污染，所以經常清潔染色鼓是必要的，尤其是苯胺革（Aniline leather）。

　　染色鼓如果負荷超載，則染色鼓的轉動機械動作將減弱。皮於鼓內的運轉力差的話，則必須延長轉鼓的轉動時間，如此才能使所添加的化學助劑或染料得到充分而適當的分散，否則可能導致染料的吸收（absorption）和耗盡（exhaustion）不夠，結果不僅色度淺，浪費染料，而且色調也不均勻。

　　當然尚有其它的因素會影響染色，例如染色前所選的皮身無論是2張皮或一批皮，或一批與一批之間的顏色（藍濕皮）應盡可能一致或相似，並且在外觀上無任何前工段所形成的痕跡或花斑。

第 12 章
染色前的鞣製工藝導致影響染色的因素
The influential factor before dyeing

染色前可能引起色差和色花的因素有：

 機械傷痕（Damaged by Machine Operation）

1. 片皮（Spliting）：有均勻條狀的起伏傷處和偏薄部分色淡。
2. 削裡（Shaving）：梯狀條紋傷處色度偏濃，削過薄處也偏濃。
3. 磨皮（Buffing）：磨皮深淺不一致，方向不一致，染色後出現濃淡不均，且界分明。
4. 磨焦（Burnt by Buffing）：形成塊狀的濃色花，表面粗糙，一般易出現在臀部。
5. 脫毛未盡（Uncompleted Unhairing）：未將局部的小毛（或毛囊）除進，染後偏淡，或成白點。

 鞣革過程處理不當（unsuitable treatment during tannage）

1. 染色前皮身的分級不當，舊皮和新皮之間的色差偏大，舊皮的色度偏濃，而新皮則偏淡。

2. 酵解酶軟時酶軟劑的侵蝕傷處，色偏濃。

3. 鞣製前對臀部處理不足，膠原纖維分散不夠，形成表面吸收染料較多，造成染色後色度偏濃，反之頸，腹部染色後色度偏淡。如果每次的浸灰程度有差異的話，染色後也可能造成色差。

4. 脫脂不好，出現油花，染色後色度深而且有油膩感。

5. 鉻鞣革的色花是鉻鞣時提鹼速度太快，不均勻，形成鉻斑（過鞣部分），或鉻鞣提鹼後，停鼓時間太長，或因鉻鞣前浸酸不均勻所出現的花紋等皆會形成色花，故須嚴格控制每批鉻鞣革的顏色一致，鉻液的鹽基度，鉻用量，出鼓時的PH值及溫度。

6. 藍濕皮削勻後，回濕不均勻，或不透，或藍濕皮搭馬時風乾的部分，則染色後色度偏淡。

7. 中和不當，PH值高者色度偏淡，PH值低者色度偏濃，中和時加鹼太快，皮身各部分的PH值相差懸殊，染色後即有色花。

8. 再鞣時，所用的鞣劑不同，染色的效果也不一樣。請參閱「鞣劑，單寧及栲膠對陰離子性染色的影響」。

第 **13** 章
染色的缺陷原因及矯正的方法
Trouble shooting in Dyeing

缺陷		原因		矯正的方法
染色不勻，如雲狀	1.	水的硬度過大	1.	使用軟水處理劑
	2.	鉻鹽的分佈不均，因提鹼的速度太快	2.	提高鹽基度時添加的速度要慢，或使用有著蒙茸作用及填充作用的鹽類提高鹽基度
	3.	中和時，添加鹼類時太快，中和不均	3.	分次添加已稀釋的鹼，並加強中和，否則易形成肉面過染
	4.	加染料或加酸過快	4.	分次加入染料或酸，以控制添加的速度
	5.	所用的染料不相容，尤其是深色	5.	檢查染料的親合數，儘量選用親合數相近的染料
顏色深淺不均勻	1.	染色時，轉鼓可能停轉久	1.	儘可能避免，否則必須洗掉，重新再染
	2.	染浴的浴比太少	2.	增加浴比
肷腹部顏色特別深暗	1.	鞣製時，加鹼不當	1.	使用具有蒙茸作用的鹼。
	2.	染浴的浴比太少	2.	增加浴比
深暗的色斑		浸灰時，摩擦傷。皮垢斑和原皮腐敗的部分		加強染色前，皮身等級的分選。
淺色的斑痕	1.	磨皮時，沾上油	1.	檢查磨皮機
	2.	皮身沾上鞣劑（陰離子）	2.	染色前要充分的洗水
深色小斑點		染料溶解不完全		細心溶解，加強過濾
淺色小斑點		削勻時，所用的木屑，可能含有鞣劑		選用適宜的木屑，或使用滑石粉。
有染色的條紋		乾燥不均		改進乾燥的方法
褪　色	1.	染料不適合	1.	避免使用分子太小的染料
	2.	中和過度	2.	控制中和的pH值

缺陷	原因		矯正的方法	
顏色淺淡，不飽滿，不鮮豔	1.	中和過度	1.	加強中和操作，不可過分
	2.	陰離子的鞣劑在珠面負載過多	2.	染色前使用陽離子助劑處理以調整珠面的電荷
	3.	脫脂不夠	3.	加強脫脂的過程
	4.	鉻鞣的蒙面作用過強	4.	使用適量的蒙面劑
染透但不耐磨	染料和皮身的親合力太低		選用親和性高且耐磨的染料	
表面著色	染料和皮身的親合力太高		加強中和，藉以調整皮身的親合性	
古銅色光	1.	鹼性染料用量太多	1.	減少用量，並注意染色前pH值的控制
	2.	加酸固定太快且酸值太低	2.	酸須事先用水稀釋，而後須慢慢地添加，約15～20分添加一次
	3.	類黏蛋白來去除	3.	藍濕皮經削勻、磨皮、水洗後，須再經有機酸及脫脂劑回濕
滲透不理想	1.	中和不適當，染浴水太多	1.	加強中和，使用短浴法
	2.	染浴水溫太高	2.	降低水溫
吐油	1.	染料選擇不當或不適用	1.	慎選適用的染料
	2.	鉻鞣的蒙面作用過強	2.	使用適量的蒙面劑
	3.	中和過度	3.	加強中和操作，不可過分
	4.	可能使用鹼式加脂劑	4.	避免使用皂或鹼式加脂劑

第 14 章

毛皮染色
Fur dyeing

傳統式的毛皮染色法大概可分為三大步驟：

一、Killing——毀除

二、媒染的處理（Mordanting）

三、染色（Dyeing）

Killing——毀除

Killing的意思為「毀除」，因為毛皮要染色前只經過浸酸及鞣製【註1】的處理，而沒有處理毛，毛的纖維結構是由角蛋白組成，含有雙硫（-S-S）結構的丙氨酸（Cystine）及外層護毛的油膜，這些組成的物質都和染料沒有親和力，所以Killing的目的是毀除這些和染料沒有親和力的物質，及前處理未被去除的天然油層，使毛纖維能接受爾後添加的媒染劑和染料。

Killing是由鹼性溶液配合表面活性劑（乳化劑或脫脂劑）組成，鹼性化料有純鹼、小蘇打、氨水、燒鹼（苛性金鈉）、磷酸二鈉或三鈉。

鋒毛【註2】（強毛纖）或針毛【註3】（弱毛纖）端視毛纖對Killing（毀除）劑的反應。Killing時化學降解發生於針毛或強

Killing（毀除）很可能多於鋒毛或弱Killing（毀除），因而處理弱毛織或強毛織及使用Killing濃度的決定是很重要。Killing（毀除）的溶液濃度從輕微的小蘇打溶液（PH8）至適度地燒鹼溶液（PH13）。

　　Killing（毀除）鹼性溶液的功能是依據氫氧離子（OH）和溶液的濃度。溶液的溫度和處理的沉浸時間也會影響Killing（毀除）的功能，時間越長，溫度越高，則Killing（毀除）的作用越大。沉浸處理【註4】的典型Killing（毀除）溶液和溫度如下：

　　　1. 10~20公克/公升 純鹼 （PH11～11.3）

　　　　25℃ $1^1/2$~2小時

　　　2. 10~20 毫升 氨水（比重：0.925）（PH10.85～11.05）

　　　　25℃ $1^1/2$~2小時

　　　3. 2~5公克/公升 燒鹼 （PH12.64～13.15）

　　　　25℃ $1^1/2$~2小時

　　Killing（毀除）屬鹼性溶液，故於處理裘毛時可能會將鞣製時（梳理Dressing），沒被固定的油脂劑及一些未被去除的天然油脂，乳化於鹼性溶液內，如此的話，可能影響Killing（毀除）的作用能力，故需添加些表面活性劑（乳化劑或脫脂劑），藉以幫助Killing（毀除）移除這些油脂劑，天然油脂及被剝落的護毛油膜。

　　毛纖維的組織強度每一根和每一根，及不同部位都不盡相同，另外針毛（Guardhair）及絨毛（Underfur）之間的差異更甚，所以可能需要使用刷毛式的killing（毀除）法再次處理針毛，刷毛時使用同樣的屬鹼性溶液，但是鹼性溶液的濃度需要調整至

10倍於使用沉浸法鹼性溶液的濃度，不過也可使裘毛回濕後，先使用刷毛處理，再用沉浸法處理。

> **【註】**
> 【註1】毛皮的「鞣製」應稱為Dressing（譯音可寫成「最銳馨」譯意為「梳理」）
> 【註2】例如：水獺（毛）皮
> 【註3】例如：狐裘皮
> 【註4】沉浸處理：使用划槽

Killing（毀除）除了上述的鹼性溶液處理法外，尚有氧化劑漂白法，及還原法：

一、氧化劑Killing（毀除）法

不僅能增加毛纖維的吸收能力，尚能將毛纖維漂白或減少毛纖維的色素強度，所以能夠染比毛纖本色更淺的色彩。一般常被使用的氧化劑有：過氧化氫（雙氧水 Hydrogen Peroxide），過硼酸鹽（Perborates），及過硫酸鹽（Persulphates）。使用的PH範圍由4至10。使用的方法：1.沉浸法，或2.刷式法。最高使用量的安全濃度，沉浸法約1～3公克的過氧化氫，而刷式法則約12～15公克，否則可能導損傷裘毛和裘皮。

如果將氯化物當作Killing（毀除）劑使用，因自由的氯離子會損壞角蛋白纖維的角質層（Cuticle），導致裘毛的手感粗糙。使用亞氯酸鈉（Sodium Chlorite）當作Killing（毀除）劑使用，尚有部份脫色的能力，比較優越於對毛纖損傷性少的二氧化氯（Chlorine Dioxide）。

二、還原killing（毀除）法

將亞硫酸鹽（Sulphite），亞硫酸氫鹽（Bisulphite），連二亞硫酸鹽（Hydroulphite），或類似的化合物當作還原劑使用於Killing（毀除），就有可能獲得有效的Killing（毀除）作用，它們會侵襲丙氨酸（Cystine）的連接環，致使角蛋白的分子結構位置錯亂，進而促使毛纖更容易接受媒染劑和染料。還原性化合物常被使用於Killing（毀除）刷式法，尤其是硬毛（鋒毛或針毛），不能使用於沉浸法（或划槽），因為還原劑會侵襲毛根（含有微量的硫），有脫毛（Shedding）或掉毛的危險。鹼性的還原性化合物比中性或酸性的Killing（毀除）效果更有效。最常被使用的還原劑是焦亞硫酸鈉（Sodium Metabisulphite）。

還原劑的使用量大約是10～15公克／公升。假如必須使用沉浸法（或划槽）的話，則必須使溫度和操作的時間降到最低點。還原劑對白裘毛有輕微的漂白作用，故也可當作白裘毛皮的增白劑使用。

Killing（毀除）時無論使用鹼性法，或氧化法，或還原法，最重的是它會決定裘毛革的品質，如果使用太強烈的Killing（毀除）處理，則可能對部份的毛纖維，甚至於全部的毛纖維造成不可挽回的損毀，例如毛被燒焦，或脫毛，或掉毛，基於這種原因，時常會在執行Killing（毀除）的工藝時添加些能保護角蛋白（Keratin）及膠原（Collagen）的助劑，最常被使用的助劑是甲醛（Formaldehyde），還有其它的蛋白化合物。

👉 媒染的處理

　　裘毛使用金屬鹽於染色前的預處理是最古老的染色工藝，其目的是幫助染料液或多或少的於毛纖上形成色澱（Lakes）。現今最被常使用預處理的金屬鹽則是硫酸亞鐵（Ferrous S0ulfate），重鉻酸鉀（Potassium Dichromate）或重鉻酸鈉（Sodium Dichromate）和鉻酸鹽（Chromate），但是如果將硫酸銅（Copper Sulfate），硫酸鉻（Chromium Sulfate）或硫酸鋁（Aluminiun Silfate）當作媒染劑使用則效果不大。對於黑色或其它深色的色調強度，亦即色的飽滿度，使用銅鹽當作媒染預應理劑比使用鐵鹽或鉻鹽的應理效果更強。

　　在多數的情況下，染同樣色調的裘毛，染色前未經媒染劑預先處理過的裘毛所需要的染料量比已經媒染劑預先處理過的裘毛所需要的量多。經過媒染劑預先處理的染色裘毛能增加色澤的日光堅牢度、水洗牢度及貯藏牢度，另外不僅染料的使用量較未經媒染劑預先處理的少，而且色調的強（飽滿）度也較強。

一、使用亞鐵鹽（Ferrous Salts）當作媒染的處理劑

　　所有的亞鐵鹽羣的產品，僅有硫酸亞鐵（Ferrous Sulfate），或稱綠礬（Copperas）能當作媒染劑（Mordant）。市場上為了方便常以液態狀銷售，但是液態的硫酸亞鐵很容易因氧化而形成正鐵的狀態（Ferric State），或可能因水解而形成鹼式鹽，故當作媒染的處理劑時需添加足量的穩定劑（Stabilizers），藉以防

止處理時,由於裘毛的翻、攪動,接觸了空氣,因而產生氧化作用,穩定劑有氯化銨(Ammounium Chloride),酒石酸氫鉀乳液(Cream Tartar),酒石酸氧銻鉀(土酒石Tartar Emetic),酒石酸鹽(Tartrate)及檸檬酸鹽(Citrate)等。

影響媒染劑以亞鐵鹽為主的吸收因素

1. 裘毛吸收亞鐵鹽的數量是根據裘毛纖維的種類,而且可能毛尖及毛的數量不盡相同。毀除(Killing)強度不同,纖維的吸收量也不同。
2. 經媒染劑處理後的裘毛需要水洗。
3. 吸收量隨PH而增加,直至沉澱點(約6.5)為止。
4. 媒染處理液的溫度增加,吸收量隨之增加。
5. 媒染處理的時間延長,吸收量隨之增加。
6. 媒染處理時亞鐵鹽的濃度增加,毛纖維的吸收量也增加,但不是成正比。亞鐵鹽的濃度只能達到極限,約25±2公克/每公升的硫酸亞鐵液。

二、使用重鉻酸鹽(Dichromate)當作媒染的處理劑

重鉻酸鉀(Potassium Dichromate)或重鉻酸鈉(Sodium Dichromate)皆能當作媒染劑使用,尤其是採用氧化染料染色,但是媒染劑不能使用三價鉻,例如硫酸鉻(Chrome Sulfate),因三價鉻可當鉻鞣劑鞣製裘革,而於媒染應理時易被裘革的裸皮(Fur Pelt)吸收,致使裘革的毛纖吸收量少,所以一般寧願使用鉻酸鹽(Chromates)或重鉻酸鹽(Dichromate)。

媒染應理時使用重鉻酸鹽，如同使用亞鐵鹽，也必須添加穩定劑（Stabilizer），例如有機酸（Organic Acids），PH值可使用鹼調整。當PH高於7時，重鉻酸鹽會被改變形成鉻酸鹽，所以可以直接使用鉻酸鹽藉以代替重鉻酸鹽和鹼。典型的使用法，大約是每公升的水添加1公克的重鉻酸鹽和0.5公克的酒石酸氫鉀乳液（Cream Tartar）。使用重鉻酸鹽處理後，添加染料，則可能產生氧化作用，而染料便和氧化產物形成色澱（Lake）。

下列的因素將決定能從媒染劑（重鉻酸鹽）吸收的鉻量：

1. 經重鉻酸鹽處理後水洗，可洗去少許的重鉻酸鹽，藉以穩定鉻和角質素（keratin）的結合，但是如果水洗後，採用脫水（Hydro-Extract）的方法更有效。

2. PH越酸值，鉻的吸收效果越強，但吸收量有一定的限量。

3. 在一定的限量內，鉻的吸收量和使用重鉻酸鹽的濃度成一定比例的吸收。由於吸收有一定的限量，故處理的時間並不是越久，吸收就越多，最長的處理時間大約是6小時。

4. 處理裘革期間所使用的溫度對鉻吸收的影響很小。

重鉻酸鹽雖然是屬氧化劑，但是氧化的能力不足以使氧化染料完全地顯色，所以經常需要添加過氧化氫（Hydrogen Peroxide）輔助其氧化發色的能力。添加過氧化氫是裘革經重鉻酸鹽處理一段短時間後，於一定的時間內分次添加所需要過氧化氫的量。

　　為了符合僅使用少量的重鉻酸鹽，即能對染料有令人滿意的顯色效果，也就是說染料能大量地沉澱及分散於毛纖上，而不滲透，尤其是厚或硬的毛纖，例如鋒毛或針毛。假如媒染處理時的PH處於強酸範圍內，即很容易產生鉻酸，如此不僅導致氧化的作用會很快地發生使染料的顆粒變大，而且也會使角質素變成減少染料的滲透性，致使顆粒變大的染料不能滲透入毛纖，僅能染著毛纖外層的薄膜，如此形成針毛（Thicker Guard Hair）所染的色調深度不如絨毛（Underfur）的色調深度，導致最後的染色效果是不良的、欠熟練的染色（Poor Under-dyed）或呈現出鐵銹似或褪了色似（Rusty）的染色結果。是故採用重鉻酸鹽的媒染處理時需處於弱酸或較中性的情況下，才不會產生鉻酸，氧化作用的產生也會緩慢，如此染料形成顆粒前能夠有充分的擴散能力及均勻地滲入毛纖，最後的染色結果是**遮蓋佳的染色**（Well-covered Dyeing）。

三、使用銅（Copper）當作媒染的處理劑

　　使用銅（Copper）當作媒染的處理劑有三個顯著的特性：
　　1.和天然及合成染料傾向形成絡合物（Complex Compounds）。
　　2.即使用量少，也非常有能力的加速化學反應，特別是氧化過程。
　　3.它本身的作用猶如「氧化劑（Oxidant）」。

　　實際上，銅媒染劑的作用效力如此強大是受限於使用染深色，尤其是黑色，因為裘革於鞣製的過程中，可能接觸到銅液或其它濕態狀金屬等外來的金屬，形成各種不同金屬接觸的痕跡，如果又以銅當作媒染的處理劑，易造成染色後有污染現象的效應，因而只受限於使用染深色。

　　使用蘇木黑色（Logwood Black）染料染色時，銅鹽是一種非常特殊的媒染處理劑，致於使用氧化染料染色的處理，大約是每公升的水添加3公克的硫酸銅及1.5毫升（mL）的醋酸（30％）。

　　下列的因素涉及至使用銅鹽作媒染的處理：

　　　1. 水洗後不會呈現出有減少媒染處理的效果，這表示銅和角質素的結合很穩定。

　　　2. 使用銅鹽當作媒染劑處理時最有利的PH值為4.8。

　　　3. 處理裘革期間所使用的溫度對銅鹽的吸收沒有影響。

　　　4. 濃度超過每公升水含4公克硫酸銅的濃度，沒有好處。

　　　5. 當毛纖開始吸收銅鹽時會吸收很快，一段時間後會呈現吸收慢慢地增加，直至達到限制的飽和量。

　　礬（明礬Alum）或硫酸鋁（Aluminum Sulphate）可能也可當作媒染劑，但是很少被使用，雖說鋁鞣時有些許被固定，但是由於很容易因為水洗而被從毛纖上洗掉除去，故在媒染處理的工藝常被忽略其效果。

　　經驗上，媒染處理使用溫度的範圍是26～38℃，時間約3小時（重鉻酸鹽）至的48小時（亞鐵鹽）。PH的控制是極度的重要。

是故裘革的染色工程師需以他的染色工藝及裘革的種類,再慎選使用及控制媒染劑濃度,時間,溫度及PH值。

媒染劑不僅可以幫助染料的顯色,而且會影響最後色相(色調)的色光,例如使用同樣的染料,如果媒染劑使用重鉻酸鹽,最後的色光可能是鮮豔的黃光,使用銅鹽則可能是較暗的綠光,而使用亞鐵鹽則可能是鈍的藍光。由此可知,如果將媒染劑混合使用,由單一染料即可獲得各種不同的色調,然而重鉻酸鹽和亞鐵鹽不能混合使用,因為亞鐵鹽會被氧化成鐵鹽。

染色或著色(Dyeing or Colouring)

雖然本人所編寫的《皮革鞣製工藝學》裡已論述適用於革類的各種染料,但是裘革的毛纖屬角質(Keratin),而一般革類被染色的纖維屬蛋白質(Protein),和適用於毛纖的染料略有不同。

裘革染色的歷史演變的發展過程中,先後經歷過使用了四種不同的染料或色料。

1. 取自於植物的植物染料(vegetable dyes)或稱木染料(wood dyes)。

2. 礦物(mineral)或無機(inorganic)染料:染色是指有色金屬化合物的沉澱,亦稱顏料色澱(pigment lake)。

3. 氧化或純裘毛染料:有機合成中間體。

4. 高溫染料:取自染紡織各種纖維的染料,染色使用的溫度高於3.氧化或純裘毛染料的染色溫度,這類染料的系列有酸性(Acid),鹼性(Basic),甕(Vat),預金屬化(Pre-metallized)和分散性(disperse)染料。

一、植物染料（Vegetable Dyes）

丹寧鞣質和木染料最重要是由二大群組成：

1.梧子鞣質（gallotannins）

典型的代表物是梧子（亦稱沒食子All Nut）及由梧子分解後的產品，如丹寧酸（亦稱鞣酸Tannic Acid），梧酸（亦稱沒食子酸或鞣酸Gallic Acid）和焦梧酚（亦稱連苯三酚Pyrogallol）。使用亞鐵當作媒染應理劑後，能染出的色調是藍色。

漆樹（Sumac）無論是使用粉狀的樹葉或萃取物（栲膠Extract）大約都含有25％的梧子鞣質（Gallotannins）。

2.兒茶鞣質（Catechol Tannis）

典型的代表物是黑兒茶（亦稱檳榔膏Gambier）及黑兒茶的產品，如焦兒茶酚（亦稱鄰苯二酚Pyrocatechol），使用亞鐵當作媒染應理劑後，能染出的色調是含綠光性的藍色。

染料木（Dyewood）本身即含有純色素體，其中最知名，也是最具商業化的純染料色素就是蘇木（Logwood），其它尚有黃色染料木的黃顏木（Fustic），紅色或棕色染料木的紅杉（Redwood），但是大多屬巴西或利馬豆的紅木（Brazil or Lima Wood）以及黃色染料木的薑黃（Turmeric）。

蘇木（Logwood），基本上，蘇木是許多裘革染黑色的染料木，其作用的原理是經發酵作用（Fermentation）使蘇木精（Haematoxylin）轉變成大部分的葡萄甙（Glucoside），再經氧

化作用（Oxidation）形成天然色素的氧化蘇木精（Haematein）。氧化蘇木精如以可溶性鋁鹽處理即可染出紫色調，銅鹽是藍色調，鐵和鉻鹽則是黑色調。

最理想的蘇木使用量是20公克／每公升水，如增加使用量，結果會削弱磨擦牢度，PH介於2.5和3.5之間。可交換的和梧子（Galls），鞣質（Tannin）和漆樹（Sumac）化合（Combination）。

許多染黑色的工藝中都含有薑黃（Turmeric）藉以增加色調的強度。薑黃（Turmeric）含有纖維素（Cellulose）、樹膠（Gum）、澱粉（Starch）、礦物質（Mineral Matter）、香精油（Volatile Oil），和棕色色素物（Coloring Matter）**薑黃素 Curcumin**，和鋁鹽化合可制成淺棕色料。和鉻與鐵則可製成橄欖棕色料。

紅杉（Redwood），還有巴西及利馬豆的紅木（Brazil or Lima Wood），主要的色素物是**巴西勒因（Brasilein）**，化學結構類似蘇木精（Haematoxylin），經氧化才能形成**巴西勒因（Brasilein）**。以鉻媒染劑處理可形成當有紅光的紫色，但是堅牢度差。

黃顏木（Fustic）的色素物是**黃桑色素（Morin）**。

黑櫟樹（Black Oak Tree）能制造出一種黃色染料的**棟皮粉（Quercitron）**。

以上所述及的木染料能和各種鞣質化合，藉以調整色光（Shading），但是現在除了蘇木外，幾乎可以說是已完全被氧化染料所取代。蘇木雖然可以使用鐵鹽或鞣質等媒染劑調出遮蓋性極佳的灰色及藍色的色調，但難以捉摸，易變，故不常被使用，僅使用於染黑色的色調。

　　現在已有各種色彩的植物染料，但只適用於各種革類的染色，包括染裘革的皮纖維，染色的條件和酸性染料一樣，堅牢度尚可。

二、礦物染料（亦稱無機染料或無機顏料，Mineral Dyes）

　　雖然有一段期間大家尚採用無機的顏料染裘革，例如氧化鐵（Iron Oxide）或氧化鎂（Magnesium Oxide），但是如今只剩下含有可溶性鉛的無機顏料，因為它能廣泛地使用於不同裘革類的**雙色**（Two-tone）或**拔染**（Discharge）的效應，例使如羊羔（Lamb）或卷毛羊羔（Grey Krimmer）具有灰色與白色的效應，使野兔（Hares）和白兔（White Rabbits）皮具有銀狐，或絨鼠（Chinchilla）的效果，或使白狐（Whit Fox），羔羊（Lamb）和白兔（White Rabbits）皮具有猞猁皮（Lynx）的效應以及長毛羔羊（Lamb-haired Lamb）和美國負鼠（Opossum）皮具有浣熊（Raccoon）皮的效應。色調的決定是以鉛的硫化物（Sulphides）或多硫化物（Polysulphides）沉澱於裘毛上的量為主，但是也能使用硫酸鉛（Lead Sulphate）的氧化劑（Oxidizing Agent）處理這些沉澱物，進行拔染脫色至白色。

　　如果毛纖使用強鹼應理，致使充分的硫（Sulphur）或氫硫基群（Sulph-hydryl Proup）被釋放，而和可溶性鉛鹽化合，形成拔染作用，結果裘毛被染為淺棕色調。為了能使用鉛鹽而有染成深色的效果，就必須添加含有硫基的**顯色劑**（Developers）。使用**顯色劑**有二種工序可用1.單浴法，及2.硫化氫的處理，採用另外一個處理浴的雙浴法。

1.單浴法

　　將醋酸鉛（Lead Acetate）或硝酸鉛等可溶性鉛鹽和還原劑及裘革一起混合於同一執行槽，如此會使硫化的沉澱速率慢，而能在毛織內產生鉛的多硫化絡合物，染色是依據PH、時間和濃度及反應物質的部份，結果染出的色彩可以獲得黑色、深灰和淺灰色、棕色、黃褐色（丹寧色，Tan Colour）及米色（Beige），色調的決定部份來自硫化鉛聚集的大小，其它部份則是化學的結構，及膠質的化性問題。

2.雙浴法

　　使用媒染劑處理已經可溶性鉛鹽處理過的裘革，此時鉛鹽會因沉澱而被固定，爾後再使用硫化鈉或硫化銨（Sodium or Ammonium Sulphide）或游離狀的硫化氫（Free Hydrogen Sulphide）等當作**顯色劑**顯色（Developing）。顯色的速度很快，如果能控制濃度，PH則能染出很深的色調強度。使用這種方法染色時，則需要有適合的染缸或染槽蓋及能勝任的排氣設備，藉以避免硫化氫（H_2S）所排出惡臭及有毒的氣體。

　　雙色效應（Two-colour Effects）的染色，則是利用刷子或噴槍將**拔染液**（Discharge Solution），施於裘革的毛尖端或毛上方部分。一般是使用酸－過氧化氫（Acid-Hydrogen Peroxide）混合或鹽酸（Hydrochloric Acid），因為鹽酸能使硫化鉛轉換成白色不溶性的硫酸鉛或氯化鉛（Lead Chloride）。三色效應（Three Colour Effects），例如仿染成絨鼠（Chinchilla）或浣熊（Raccoon），已被拔色的部份，可能需要使用氧化染料，才能再次的被染色。

三、氧化染料（Oxidation Dyes）

到目前為止，使用於裘革的染料是幾乎已完全代替原始天然染料的氧化染料。氧化染料是分子量較低，結構簡單的有機芳香族的媒介體（Aromatic Intermediates），其特性是於低溫（26℃～40℃裘革裸皮縮收溫度的安全範圍內）時易滲入毛纖內，但是本身不含任何色素體，需要有氧化的動作才能使毛纖由內至外顯出色調，故稱為氧化染料（Oxidation Dyes）。氧化染料的另一特性是遮蓋性很佳，但是堅牢度不如紡織界使用的氧化染料。

化學方面，氧化染料是二胺（Diamines）和氨基酚（Amino Phenols）以及苯（Benzene）和萘（Naphthalene）的羥基（Hydroxyl）衍生物的共同合起來的產品。具有全部的色調，從淺米色到黑色，甚至包括灰色及青色（帶藍光的米色，Blues）都有。

氧化染料的染色工藝大約是1～10公克的染料／每公升水，添加和染料量均衡的氧化劑，大多使用過氧化氫，添加的方法可能和染料同時，可能約15～30分後添加，也有可能分次分批添加，最好是詢問染料供應商，有關使用的比例量，及添加的方法，溫度為26℃～40℃，時間約為1～8小時，但也可能需延至12小時，不過一般而言，超過8小時所衍生出的好處很少，不多。

氧化染料不像一般的染料能互相混合，進而形成另一色澤，而是和其它產品產生化學反應才能染出另一種色調，亦即色澤變化的程度是依據和不同媒染劑，或顯色劑的反應情況及染色時不同PH的操作。

氧化後著色於毛纖上的穩定性不僅需依據染色的前處理，例如毀除（Killing）和媒染的處理（Mordanting），尚需有染色後的後處理。毛纖著色後的水洗是非常重要的工序。鹼遺留在毛纖內可加速未來的氧化作用。毛纖內未被移除的銅或鐵的氧化物其作用也能猶如催化劑似地加強於光和濕度下的氧化速度。

四、高溫染料（High-Temperature Dyes）

裘革的裸皮即使是使用鉻處理，其最高的收縮溫度（Shrink Temperature）大約是88℃，實際上，最安全的收縮溫度是83℃以下，因為裸皮的某些部份可能會在83℃，或以上就會收縮，裘革的收縮及裘毛的縮捲俗稱焙燒（Burning），由於這個原因，高溫染料除了需於80℃，或以下染色，而且也必需具有良好的遮蓋性。

使用鉻處理的裘革，染色使用選擇性的酸性染料，選擇適用的酸性染料並不很困難，配合葛勞伯鹽（Glauber salt，俗稱芒硝）和酸，即可於白色的裘革染出鮮豔的色澤（Hue），但是如果是以酸性染料系列的三原色（紅、黃、藍）相配而染的天然灰，棕色系列和米黃色，則可能無法染出令人滿意的鮮豔色澤，這是因為於溫度較低的條件下，無法達到完全的耗盡（Exhaustion），也因為如此，致使染色的結果是染色不勻。

一般而言，70℃以下的染色，黃色染料較紅色染料的耗盡率較佳，而藍色染料的耗盡則很少。

鮮豔的色調，紅色，黃色，藍色和綠色常被使用於室內穿的拖鞋（Slipper），裝飾品（Trimmings），毛皮地毯（Rugs）等白

色的裘革，例如兔毛皮（Rabbit），羔羊皮（Lambs），綿羊皮（Sheep）及白孤毛皮（White Fox）。

五、甕染料（還原染料 Vat Dyes）

甕染料屬還原性染料，為了避免未染色前即有部份的染料被水中所含的氧氧化，所以染色前需使用鹼，如苛性鈉（燒鹼，Caustic Soda），但需用量少，否則會破壞毛纖，以及亞硫酸鹽（還原物）處理水浴內所含的游離態的氧。甕染料本身不溶於水，但是還原物易溶於鹼液，一旦還原物被移向不溶於水的甕染料內，立即使甕染料染著於毛纖上。水洗牢度，磨擦牢度及日光牢度都比最佳的氧化染料佳，但是二氧化硫會影響它的牢度。染色時染浴的溫度為55～60℃，時間約30分，經離心機脫水（Centrifuging）後，可用空氣進化氧化，或用酸-過氧化物（Acid-Peroxide）的溶液處理。

甕染料較不適用於鋒毛（Strong Guard Hair），因為和毛纖的親合性遠低於羊毛或絨毛（Soft Underfur）。

六、酸性染料（Acid Dyes）

於染裘革的溫度（60±5℃）使用酸性染料，染料不曾被耗盡（Exhausted），即使延長染色的時間，染浴仍有殘餘的染料。使用酸性染料也習慣上添加些助劑，藉以改善勻染及耗盡，例如硫酸、硫酸鹽（一般使用芒硝，Glauber Salt），硫酸氫鈉（Sodium Bisulfate）及蟻酸（甲酸，Formic Acid），不過這些助劑大都有助

於裘革裸皮（Pelt）的親合性，故有利於裘革裸皮對酸性染料的吸收。

於溫度50～60℃使用金屬絡合染料，色澤很自然。金屬絡合染料有二類：

    1. 1：1金屬絡合染料：1份金屬分子：1份染料分子。

    2. 1：2金屬絡合染料：1份金屬分子：2份染料分子。

七、鹼性染料（亦稱鹽基性染料，Basic Dyes）

基本上，鹼性染料不適合於裘革的染色，因為它的日光牢度及磨擦牢度差，但是由於色澤鮮豔，故可能添加於氧化染料內，藉以改善色澤的鮮豔度。

八、分散性染料（Disperse Dyes）

分散性染料的顆粒分子非常細緻，含有分散劑故稱分散染料，使用於紡織界的聚酯纖維（Polyester Fiber），染色的溫度為120℃以上，但使用於裘革的染色較容易操作，溫度可以使用40℃，不過色調屬淺色系列，對鐵離子較敏感，另外日光堅牢度不如酸性染料及甕染料。

結論

　　採用高溫染料染裘革，會有一定的某種限制及達到染料本身色牢度的優勢，例如其中之一的限制是裘革的裸皮需經鉻鞣，或鉻再鞣（復鞣），藉以預防高溫染色時會造成裘革的收縮及裘毛的縮捲焙燒（Burning），但是經鉻處理後的裘革則會增加裘革的重量。

　　一般採用高溫染料染裘革的工藝都是使用乾裘革重的百分比（％），而使用氧化染料則是採用每公升的水使用多少公克的染料，即公克/公升（gm/L），基本上，染浴對乾皮重的比例約為20（水）：1（乾皮重）。

　　裘革的染色是一種複雜的工藝，因在染浴裡含有二種被染物，即裘毛（角質素Keratin）及裸皮（Pelt），也就是膠原（Collagen），而且對染料的吸收性能也不相同，所以裘革的染色工程師對染料的選擇，染浴的PH值及溫度的控制，使用的助劑對染料分配於這二種被染物吸收比率的了解，另外所選擇使用的染料對這二種被染物的染色速率都必須銘記在心。

頂染（Top dyeing）

　　頂染的術語是將染料使用於毛纖的上端（Upper Part）或頂端（Tips），藉此工藝以將已染色的裘革仿染成水貂（Mink），紫（黑）貂（Sable），豹貓（Ocelot）或豹（Leopard）等各種動物的裘革。使用染料的濃度約一般浸染（Immersion或Dipping）或划槽（Paddle）染色濃度的5～20倍，因大都是使用氧化染料，故頂

染後需靜置數小時以利執行**氧化作用**，雖然也可使用高溫染料執行**頂染**，但是裘革的裸皮需經過鉻鞣或鉻再鞣（復鞣），而且使用高溫染料頂染後需經70～75℃的溫度處理，才能被固定。

頂染所使用的工具大約如下：

一、刷子（Brush）：不同軟硬度的刷子，主要使用於裘毛上表面的底染（Grounding）。

二、翼羽毛筆（wing feathers Brush）：大多取自天鵝（Swan）、鵝（Goose）或火雞（Turkey），主要使用於針毛（Guard Hair）最頂端，最細膩的著色工藝。

三、噴槍（Spray Gun）：主要使用於已染色裘革的漂洗（白）（Stripping）。

第 15 章

總結論
Summary

　　如何才能維持對客戶的色版，經客戶認可後，每天要染經認可後的色調，即使爾後客戶追加同樣的色調，也能經易地再染出同色調，而不須一而再地重新配色？答案是染色前必須考慮到下列所例舉的影響因素：

一、必須考慮藍濕皮使用蒙囿劑的條件及色澤是否一樣，鉻的分散狀況是否類似。

二、水：水的軟硬度，稀釋染料所用水的比例及溫度，染色時用水的比例等條件是否一樣？

三、染色鼓的鼓形，轉速，負載（依比例增減）及染色轉動時間（依負載比例增減，適用於表染）。

四、相同的再鞣劑及使用量（依負載比例增減）。

五、染料必須使用同樣的染料，無論是抗酸牢度，溶解度，染料本身的濃度，及所含的電解質都必須和之前所使用的染料一樣。

六、相同的PH值（染浴，表染時的革面）。

七、染浴的溫度。

八、染色後水洗的條件。

九、染色，水洗，出鼓後至乾燥前所搭馬擱置的條件，高
　　度，溫度、濕度及時間是否一樣？

十、乾燥的方法、溫度、濕度及時間的條件。

參考文獻

Seminar at The New England Tanners Club by John W. Mitchell

Seminar at Delaware Valley Tanners Club by Helmut Fritz & F.Schade

Furskin Processing   Harry Haplan

Technology of "Double Face" R.Palop

Sandoz（Swissland）   Internal technical information

再鞣劑對染料的色調及色光的影響

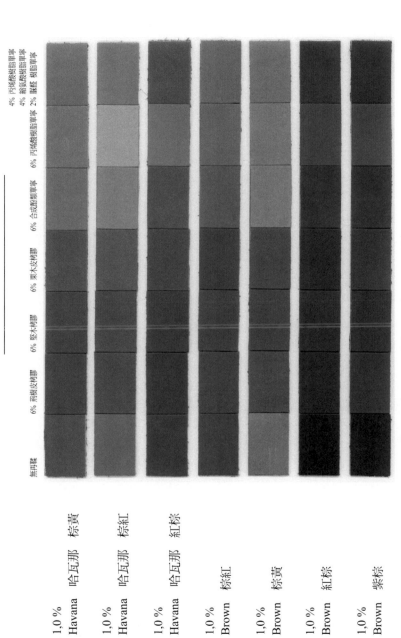

圖1　再鞣劑對染料的色調及色光的影響

81 ◀

再鞣劑對染料的色調及色光的影響

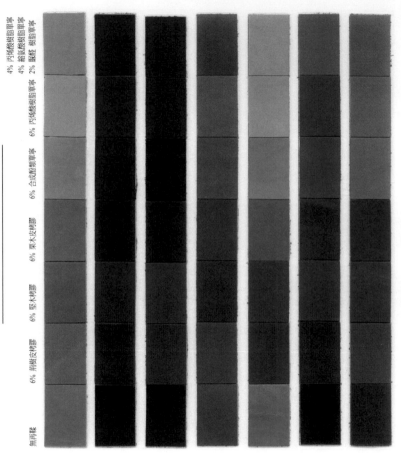

圖2 再鞣劑對染料的色調及色光的影響

無再鞣	6% 荊樹皮烤膠	6% 堅木烤膠	6% 栗木皮烤膠	6% 合成酚類單寧	6% 丙烯酸樹脂單寧	4% 丙烯酸樹脂單寧 4% 縮氨酸樹脂單寧 2% 脲醛 樹脂單寧	

0,5 %
Orange 橘

0,5 %
Red 紅

0,6 %
Red 紅

1,0 %
Bordeaux 棗紅

1,0 %
Cyanine 翠藍

0,6 %
Blue 藍

1,0 %
Blue 灰藍

▶ 82

三種染料依三角形的方式進行相混配色的方法
（Trichromatic Combination）

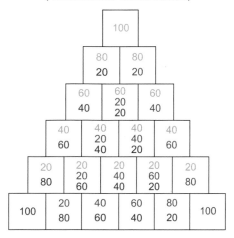

圖4

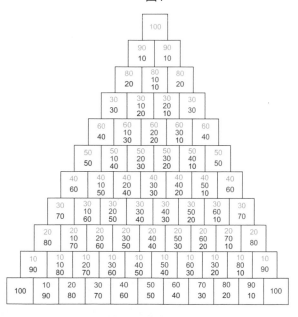

圖7

三種染料依三角形的方式進行相混配色的方法
（Trichromatic Combination）

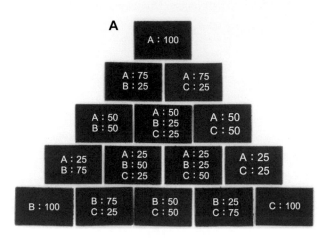

圖5

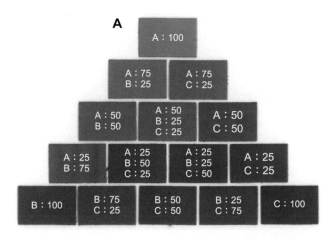

圖6

科普新知類　PB0011

皮革染色學

作　　者／林河洲
責任編輯／蔡曉雯
圖文排版／賴英珍
封面設計／蕭玉蘋

發 行 人／宋政坤
法律顧問／毛國樑　律師
出版發行／秀威資訊科技股份有限公司
　　　　　114台北市內湖區瑞光路76巷65號1樓
　　　　　電話：+886-2-2657-9211　傳真：+886-2-2657-9106
　　　　　http://www.showwe.com.tw
劃撥帳號／19563868　戶名：秀威資訊科技股份有限公司
　　　　　讀者服務信箱：service@showwe.com.tw
展售門市／國家書店（松江門市）
　　　　　104台北市中山區松江路209號1樓
　　　　　電話：+886-2-2518-0207　傳真：+886-2-2518-0778
網路訂購／秀威網路書店：http://www.bodbooks.tw
　　　　　國家網路書店：http://www.govbooks.com.tw

2010年9月BOD一版
定價：160元

國家圖書館出版品預行編目

皮革染色學 / 林河洲著. -- 一版. -- 臺北市：
秀威資訊科技, 2010.09
　　面；　公分. --（科普新知類；PB0011）
BOD版
ISBN 978-986-221-559-3（平裝）

　1.皮革工業　2.染色

475.2　　　　　　　　　　　　　99014932

讀 者 回 函 卡

感謝您購買本書，為提升服務品質，請填妥以下資料，將讀者回函卡直接寄
回或傳真本公司，收到您的寶貴意見後，我們會收藏記錄及檢討，謝謝！
如您需要了解本公司最新出版書目、購書優惠或企劃活動，歡迎您上網查詢
或下載相關資料：http:// www.showwe.com.tw

您購買的書名：_____

出生日期：_____年_____月_____日

學歷：□高中 (含) 以下　　□大專　　□研究所 (含) 以上

職業：□製造業　□金融業　□資訊業　□軍警　□傳播業　□自由業
　　　□服務業　□公務員　□教職　　□學生　□家管　　□其它_____

購書地點：□網路書店　□實體書店　□書展　□郵購　□贈閱　□其他

您從何得知本書的消息？

　□網路書店　□實體書店　□網路搜尋　□電子報　□書訊　□雜誌

　□傳播媒體　□親友推薦　□網站推薦　□部落格　□其他_____

您對本書的評價：（請填代號　1.非常滿意　2.滿意　3.尚可　4.再改進）

　封面設計____　版面編排____　內容____　文／譯筆____　價格____

讀完書後您覺得：

　□很有收穫　□有收穫　□收穫不多　□沒收穫

對我們的建議：_____

_____

_____

_____

11466
台北市內湖區瑞光路 76 巷 65 號 1 樓

秀威資訊科技股份有限公司 　　收

BOD 數位出版事業部

．．

（請沿線對折寄回，謝謝！）

姓　　名：＿＿＿＿＿＿＿＿　年齡：＿＿＿　性別：□女　□男

郵遞區號：□□□□□

地　　址：＿＿＿＿＿＿＿＿＿＿＿＿＿＿＿＿＿＿

聯絡電話：(日)＿＿＿＿＿＿＿＿　(夜)＿＿＿＿＿＿＿＿

E-mail：＿＿＿＿＿＿＿＿＿＿＿＿＿＿＿＿＿